工业和信息化普通高等教育"十二五"规划教材
21世纪高等教育计算机规划教材

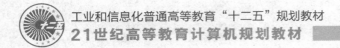

大学计算机基础
实验指导教程

Experiment and Test of Computer
Fundamention

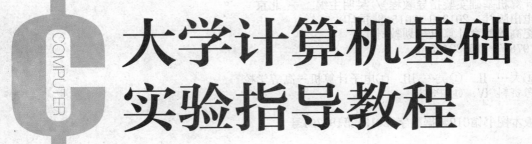

吴明 主编

崔杰 孙瑜 范继红 宁小美 副主编

U0320965

人民邮电出版社
北 京

图书在版编目（CIP）数据

大学计算机基础实验指导教程 / 吴明主编. -- 北京
: 人民邮电出版社，2013.9（2015.8 重印）
21世纪高等教育计算机规划教材
ISBN 978-7-115-32435-1

Ⅰ．①大… Ⅱ．①吴… Ⅲ．①电子计算机－高等学校
－教学参考资料 Ⅳ．①TP3

中国版本图书馆CIP数据核字（2013）第182791号

内 容 提 要

　　本书是《大学计算机基础》的配套实验教材，由实验和习题两部分组成。其中，实验部分共 5 章，17 个实验，主要包括：微型机硬件组装、Windows 7 的基本操作、Word 文档的基本操作和排版、Word 表格、图形和图文混排、Word 综合应用、Excel 工作表的基本操作、Excel 图表和数据管理、Excel 综合应用、PowerPoint 演示文稿的基本操作、PowerPoint 设置超链接和动画效果、PowerPoint 综合应用、计算机网络应用基础、网页制作基础、GoldWave 声音处理、Movie Maker 影片制作、Photoshop 图像处理和 Flash 动画制作基础。每章还配有与各章主要知识相关的习题，以促进读者对相关知识的掌握，增强实践操作能力。

　　本书内容丰富，语言简洁，概念清晰，重点突出。可作为高等院校非计算机专业的计算机基础课程的实验教材，也可作为全国计算机等级考试参考用书。

◆ 主　　编　吴　明
　　副主编　崔　杰　孙　瑜　范继红　宁小美
　　责任编辑　许金霞
　　责任印制　彭志环　焦志炜

◆ 人民邮电出版社出版发行　　北京市丰台区成寿寺路 11 号
　　邮编　100164　　电子邮件　315@ptpress.com.cn
　　网址　http://www.ptpress.com.cn
　　北京鑫正大印刷有限公司印刷

◆ 开本：787×1092　1/16
　　印张：7　　　　　　　　　　2013 年 9 月第 1 版
　　字数：180 千字　　　　　　2015 年 8 月北京第 3 次印刷

定价：22.00 元
读者服务热线：(010)81055256　印装质量热线：(010)81055316
反盗版热线：(010)81055315

前言

　　由于计算机技术和网络技术的迅猛发展，计算机和信息技术的应用已经渗透到社会的各个领域，本书是与《大学计算机基础》配套的实验教材。本书由实验和习题两部分组成。其中，实验部分共 5 章，17 个实验，主要包括：微型机硬件组装、Windows 7 的基本操作、Word 文档的基本操作和排版、Word 表格、图形和图文混排、Word 综合应用、Excel 工作表的基本操作、Excel 图表和数据管理、Excel 综合应用、PowerPoint 演示文稿的基本操作、PowerPoint 设置超链接和动画效果、PowerPoint 综合应用、计算机网络应用基础、网页制作基础、GoldWave 声音处理、Movie Maker 影片制作、Photoshop 图像处理和 Flash 动画制作基础。习题部分，主要是与各章主要知识相关的习题，以促进读者对相关知识的掌握，增强实践操作能力。

　　本书是集系统性、操作性和实践性于一体的大学计算机基础的实验指导书。全书注重深度与广度的结合，充分考虑学生的需要。为了提高学生的计算机实际操作技能，每个实验都有操作步骤或实验提示，这样便于学生能够更好地完成实验内容。

　　本书由吴明任主编，崔杰、孙瑜任副主编。第 1 章由吴明编写，第 2 章由孙瑜编写，第 3 章由宁小美编写，第 4 章由崔杰编写，第 5 章由范继红编写。在本书编写过程中，许多同仁和学生给予了宝贵意见，在此一并表示感谢。

　　由于作者学识水平有限，书中难免有不足之处，恳请广大读者批评指正。

编　者
2013 年 6 月

目 录

实 验 部 分

第1章
计算机基础实验

实验　微型机硬件组装

一、实验目的

1. 熟悉微型计算机的硬件组成。
2. 了解微型计算机的组装过程。

二、实验内容

1. 组装前的准备工作。

（1）准备装机工具。

组装计算机时需要用到很多种装机工具，包括螺丝刀、钳子、防静电手腕带、镊子等，在组装前应该先准备好。

（2）准备辅助物品。

除了需要准备装机工具外，还需要准备一些必备的辅助物品，例如导热硅脂、五金部件、束线带、电源插座、工作台等。

（3）组装计算机所需配件。

主板：主板一般为矩形电路板，上面安装了计算机的主要电路系统，一般有 BIOS 芯片、I/O 控制芯片等元件。

CPU：中央处理器（Central Processing Unit，CPU）是计算机运算和控制的核心部件。

内存：存储数据的硬件，一旦关闭电源，数据就会丢失。

显卡：显卡全称为显示接口卡（Video card）是主机与显示器连接的主要部件。

硬盘：是计算机的主要存储设备。

光驱：读写光盘数据的设备。

机箱：安装计算机各种硬件的外壳。

显示器：计算机的显示输出设备。

键盘和鼠标：最常用的输入设备。

2．安装主机硬件。

（1）取下机箱侧面板。

将机箱竖立着摆放在工作台上，用十字螺丝刀拧开机箱背部的螺丝钉，取下机箱侧面板，然后将机箱平放在操作台上，如图 1-1 所示。

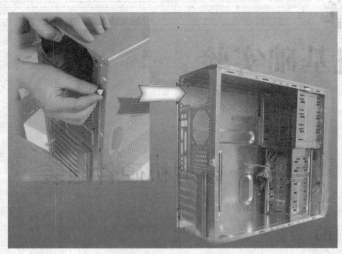

图 1-1　取下机箱侧面板

【提示】

很多著名品牌的机箱采用了免工具拆装设计，机箱背部的螺丝钉用手可以拧下，而不需要使用螺丝刀。

（2）安装电源。

① 在机箱内找到电源的安装位置，将准备好的电源按正确的方向放置到该位置。

② 调整电源位置，使电源上的螺丝孔与机箱背板上的螺丝孔对齐。

③ 使用十字螺丝刀和合适的螺丝钉将电源固定在机箱背板上，如图 1-2 所示。

图 1-2　安装电源

（3）安装 CPU 及散热器。

　　电源安装完成后将机箱先放到一边，因为 Intel CPU 和 AMD CPU 的安装方法不同，本实验只介绍 Intel CPU 的安装过程。

　　① 从包装盒中取出主板，将其平放在操作台上。

　　② 在主板上找到 CPU 插座，拆掉保护盖。方法是稍用力压下 CPU 插座边上的固定杆，同时往外推，待其脱离 CPU 插座旁的卡扣后，将其轻轻拉起。

　　③ 将用于固定 CPU 的载荷板按反方向提起，并使之与底座呈 90° 角，如图 1-3 所示。

图 1-3　提起 CPU 的载荷板

　　④ 将 CPU 上的缺口对准 CPU 插座上的缺口，把 CPU 垂直放入 CPU 插座中。

　　⑤ 复位载荷板，并按反方向扣下 CPU 固定杆，使其压紧 CPU，如图 1-4 所示。

图 1-4　安装 CPU

⑥ 将适量的硅脂挤在 CPU 表面，并用小刷子将其涂抹均匀。

⑦ 将 CPU 散热器垂直放置到 CPU 插座上，在对准定位孔后，用螺丝将散热器固定到主板上。

⑧ 将散热风扇的电源接口接到主板的 3 针供电插座上，如图 1-5 所示。

图 1-5　安装散热器

（4）安装内存。

① 在主板上找到内存插槽，将内存插槽两边的白色卡子向外扳开，用手指捏住内存的两端，使内存金手指上的缺口对准内存插槽的凸起部分。

② 双手均匀用力将内存压入内存插槽中，当内存安装到位后会发出"嗒"的响声，此时白色卡子会将内存卡住，如图 1-6 所示。

如果有多根内存，按照以上的安装方法将其他内存安装到内存插槽即可。

图 1-6　安装内存

（5）安装主板。

① 将机箱平放在操作台上，根据主板上螺丝孔的位置，在机箱底板的对应固定孔中安装用于固定主板的铜柱。

② 用钳子将机箱背部的 I/O 接口挡板掰掉。

③ 使用主板包装盒中附带的原配 I/O 接口挡板进行替换。

④ 使用十字螺丝刀和合适的螺丝钉将主板固定到机箱底板上，如图 1-7 所示。

图 1-7　安装主板

（6）安装显卡和声卡。

① 在主板上找到显卡插槽，将机箱背部与显卡插槽对应的金属挡板取下。

② 用手捏住显卡的边缘，将显卡的金手指对准主板显卡插槽，显卡接口处对准机箱背部拆掉的挡板缺口处。

③ 用右手扶住显卡，再用左手垂直用力将显卡插入显卡插槽中，如图 1-8 所示。

图 1-8　安装显卡

④ 使用十字螺丝刀和合适的螺丝钉将显卡固定到机箱底板上。

【提示】

独立声卡和网卡的安装方法与独立显卡的安装方法相同，这里不再详述。

（7）安装光驱。

① 在机箱前面板上拆下一块光驱挡板。

② 将光驱从缺口处推入机箱内的光驱固定架中，稍微调整光驱的位置，让光驱前面板与机箱前面板对齐，如图1-9所示。

图1-9　安装光驱

③ 当光驱两侧的螺丝孔与机箱上的螺丝孔对齐后，使用十字螺丝刀和合适的螺丝钉将其固定好。

④ 在主板上找到IDE插座，将IDE数据线插到主板的IDE插座中。

⑤ 将IDE数据线的另一端按正确的方向，插入光驱的数据接口中。

⑥ 在主机电源的接口中找到一个D形4针接口，按照正确的方向连接到光驱的电源接口上。

（8）安装硬盘。

① 将硬盘按正确的方向插入机箱的硬盘固定架中。

② 调整硬盘位置，使用十字螺丝刀和合适的螺丝钉将其固定好，如图1-10所示。

③ 在主机电源的接口中找到一个L形SATA电源接口，将硬盘按照正确的方向连接到SATA硬盘的电源接口上。

④ 在主板上找到SATA接口，按正确的方向插入主板上的SATA接口。

⑤ 将SATA数据线的另一端按正确方向连接到硬盘IDE接口。

（9）连接机箱内部连线。

① 连接主板电源线。

在主机电源的接口中找到主板电源接口（24针），将其安插在主板电源插座上。

② 连接CPU专项供电电源线。

图 1-10　安装硬盘

在主机电源接口中找到 CPU 供电接口，目前一般为 4 针方形接口，将其插入 CPU 电源插座上。

③ 连接机箱信号线。

● 电源开关信号线：用于连接机箱前面板的电源开关按钮，以实现开关机功能。跳线帽上一般带有 "POWER SW" 字样。

● 重启开关线：用于连接机箱上的重启开关按钮，以实现热启动功能。跳线帽上一般带有 "REST SW" 字样。

● 电源指示灯线：用于连接机箱上的电源工作指示灯，以便用户了解电源是否在工作。跳线帽上一般带有 "POWER LED" 字样。

● 硬盘指示灯线：用于连接机箱面板上的硬盘工作指示灯，以便用户了解硬盘的工作状态。跳线帽上一般带有 "H.D.D LED" 字样。

● 蜂鸣器连接线：用于连接主机上的蜂鸣器，以便在硬件异常时发出报警音。跳线帽上一般带有 "SPEAKER" 字样。

机箱信号线在主板上对应有专门的连接跳线，将这些信号线分别连接到合适的跳线插座上即可。

④ 连接前置 USB 接口线。

在主板上找到 USB 跳线插座，其旁边一般都标有 "USB1"、"USB2" 字样，将 USB 连接线按正确的线序接到跳线插座上。

⑤ 连接前置音频接口线。

在主板上找到音频线跳线插座，该跳线插座旁边一般标有 "AUDIO" 字样，将音频连接线按正确的方向接到跳线插座上。

（10）整理机箱内连线。

① 将多余的电源线用束线带捆绑起来，并固定到稍微靠边的位置。

② 将已经连接好的数据线和电源线以及机箱信号线理顺，并折叠好。

③ 确认无误后将机箱侧面板复位，并用螺丝钉固定好。

3. 连接外部设备。

（1）连接液晶显示器。

① 从液晶显示器的包装箱中取出屏幕与底座，然后按照说明书上的步骤连接好这两部分。

② 在显示器背部找到电源接口，然后将配套的电源线连接到该接口。

③ 在显示器背部找到视频输出接口，然后将配套的信号线连接到该接口。

④ 将显示器的信号线按正确的方向连接到机箱背部的显卡接口上，然后将接口两边的手旋螺钉拧紧即可。

（2）连接键盘与鼠标。

① 在机箱背部的 I/O 接口面板中可以看到一个紫色和一个绿色的圆形插孔，通常紫色为键盘接口，绿色为鼠标接口。

② 用手捏住键盘接口，将其连接到左侧的紫色插孔中。

③ 用手捏住鼠标接口，将其连接到右侧的绿色插孔中。

【提示】

如果计算机的键盘和鼠标为 USB 接口，只须将它们连接到主机的 USB 接口上即可。

（3）连接音箱。

准备好音箱及双头主音频线，将双头主音频线的一头插入音箱输入口中，另一头插入机箱背板的声卡音频输出口中。

4. 开机测试。

① 在机箱的包装箱中找到主机电源线，将其连接到主机电源的输入端。

② 将显示器、主机和音箱的电源线连接到电源插座上，然后在机箱前面板上按下电源开关按钮。

③ 当听到"嘀"的一声后，屏幕上会出现开机自检画面，通过自检后表示计算机组装成功。

第2章
Windows 操作系统实验

实验　Windows 7 的基本操作

一、实验目的

1. 掌握 Windows 的基本操作。
2. 掌握文件和文件夹的常用操作。
3. 熟悉控制面板的使用。

二、实验内容

1. 启动和退出 Windows 7 操作系统。
2. Windows 7 个性化设置。
（1）不显示桌面"回收站"图标。
（2）把鼠标"正常选择"项设置成动态鼠标（动态鼠标文件可以选用素材中的"动态指针"）。
（3）把"Windows7.jpg"图片文件作为桌面背景，或者按照自己的喜好替换桌面背景。
（4）屏幕保护程序设置成"三维文字"，文字内容为"windows7 操作系统"，等待时间设置成 2 分钟。
（5）窗口边框、"开始"菜单和任务栏的颜色设置成"大海"，并启用透明效果。

【提示】

在桌面空白处单击鼠标右键，从弹出的快捷菜单中选择"个性化"，如图 2-1 和图 2-2 所示。
（6）任务栏设置。
① 任务栏外观设置成"自动隐藏"、"使用小图标"。
② "开始"菜单中电源按钮操作设置成"重新启动"。
③ 屏幕上任务栏的位置设置成右侧显示。

【提示】

在任务栏的空白处单击鼠标右键，从弹出的快捷菜单中选择"属性"。
3. 文件和文件夹操作。
（1）在 D 盘新建 aa 和 bb 文件夹。
（2）在 aa 文件夹中新建一个名称为"wd"的文本文档、一个名称为"word1"的 Word 文档和一个名称为"bg"的 Excel 工作表。

图 2-1　个性化设置窗口

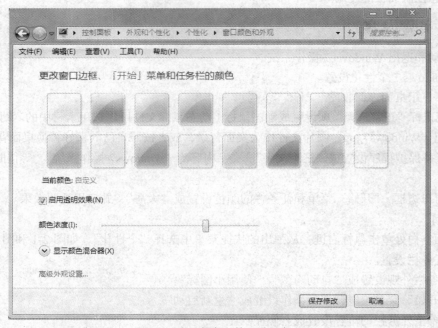

图 2-2　窗口颜色和外观设置窗口

（3）把 aa 文件夹中的以"w"开头的文件复制到 bb 文件夹中，把 aa 文件夹中的"bg"工作表文件剪切到 bb 文件夹中。

（4）彻底删除 aa 文件夹。

（5）把"word1"文件的属性设置成"隐藏"和"只读"。

（6）在 C 盘搜索 "NOTEPAD" 文件，把搜索到的文件复制到 bb 文件夹中，并重新命名为 "记事本"，并在桌面上创建该文件的快捷方式。

（7）把 bb 文件夹中的文件按 "详细信息" 的方式显示，并按 "修改时间" 升序排列。

【提示】

常用方法：① 鼠标右键操作；② 菜单方式操作；③ 利用快捷键；④ 工具栏。

注意事项：对指定的文件或文件夹操作时，要先选中操作的对象，再进行具体的操作。

4. 创建、删除账户。

创建一个以自己的姓名为名称的账户。为自己的账户创建密码并修改账户图片。切换到自己账户，观察自己的账户界面和系统原来的界面有何不同，返回原来的系统界面，删除自己的账户。

【提示】

依次选择："开始" | "控制面板" | "用户账户和家庭安全"。

5. 打开并结束程序。

运行 "画图" 程序，在 "Windows 任务管理器" 中结束该任务程序。

【提示】

运行画图程序："开始" | "所有程序" | "附件" | "画图"。

启动 Windows 任务管理器：利用快捷键 "Ctrl+Alt+Delete"。

第3章

Office 2010 办公软件实验

实验一　Word 文档的基本操作和排版

一、实验目的

1. 掌握 Word 文档的建立、保存与打开方法。
2. 掌握文档输入、编辑的基本方法。
3. 掌握字符排版、段落排版和页面排版的基本方法。

二、实验内容

1. 启动 Word 2010，创建一个空白文档。
2. 在文档中输入如图 3-1 所示的内容后，以"齐齐哈尔医学院"为文件名保存文档。

> 　　齐齐哈尔医学院位于闻名世界的丹顶鹤的故乡，风景秀丽的嫩江之畔。齐齐哈尔医学院始建于 1946 年，至今已有 67 年的办学历史。校园规划占地面积 110 万平方米，建筑面积 27 万平方米。
>
> 　　齐齐哈尔医学院设有 25 个教学机构。现有教职工 4623 人，其中副高职以上人员 900 余人，专任教师中具有博士、硕士学位人员的比例为 63%。现有普教、成教、留学生等各类在校生 18623 人。设有本科专业 19 个，涵盖了医学、理学、工学、管理学、法学等 5 个学科门类。
>
> 　　齐齐哈尔医学院主办三种期刊杂志：《中华现代护理杂志》《神经疾病与精神卫生》《齐齐哈尔医学院学报》，均为国内公开发行。《中华现代护理杂志》《神经疾病与精神卫生》均为国家级、统计源核心期刊。
>
> 　　近年来，齐齐哈尔医学院的教学、医疗、科研、管理等各项工作都呈现出了良好的发展态势，全体师生员工将继续发扬"自强不息、甘于奉献"的齐医精神，脚踏实地，拼搏进取，为齐齐哈尔医学院在"十二五"期间再次实现跨越式发展而努力奋斗！

图 3-1　文档内容

3. 文档格式化。

在"齐齐哈尔医学院"文档的第一行第一列前插入标题"齐齐哈尔医学院"，将其设置为"标题"样式；在"齐齐哈尔医学院"标题与正文间插入一级标题"齐齐哈尔医学院概况"，将其设置为"标题 2"样式。

【提示】

（1）输入标题。将光标定位到第一行第一列，按回车键，输入"齐齐哈尔医学院"。

（2）设置样式。光标指向第一行，单击"开始"选项卡"样式"选项区中的"标题"选项。用同样方法设置标题 2。效果如图 3-2 所示。

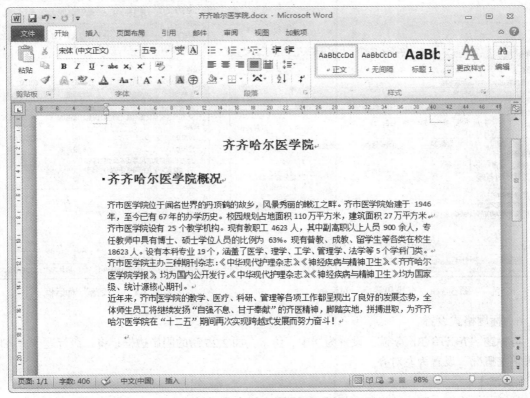

图 3-2　设置样式

4. 查找和替换功能。

将正文中的"齐齐哈尔医学院"替换为"齐齐哈尔医学院"，字体设置为红色并加粗，添加下划线。

【提示】

单击"开始"选项卡 "编辑"选项区中的"替换"按钮，在弹出的"查找和替换"对话框中单击"更多"按钮，打开"搜索选项"和"替换"区域；单击"格式"按钮，打开格式菜单，单击"字体"命令，在"替换字体"对话框中设置替换字体为"加粗倾斜"、"字体颜色"为红色的格式，选择"着重号"样式，设置后如图 3-3 所示。

单击"查找下一处"按钮，找到正文中的"齐齐哈尔医学院"后，单击"替换"按钮。反复单击"查找下一处"和"替换"两个按钮，直到替换文档中全部要替换的文字。

5. 正文格式设置。

将正文设置为：首行缩进两个汉字，行间距为 1.5 行距，字号四号、字体仿宋。

【提示】

（1）打开"段落"对话框。单击"开始"选项卡中"段落"选区中的启动器，打开"段落"对话框，在"缩进和间距"选项卡中设置。

（2）设置缩进。缩进文字的单位可以选用"磅"、"厘米"和"字符"，在"磅值"中设置。

（3）设置行距。在"行距"区中选择"1.5 倍行距"，如图 3-4 所示。

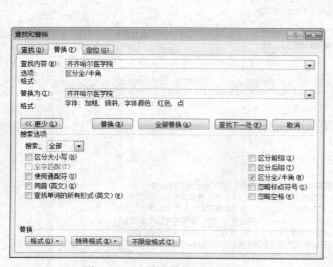

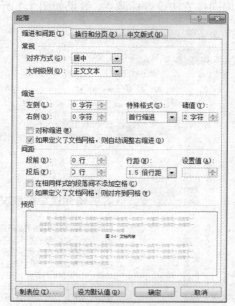

图 3-3　"查找和替换"对话框　　　　图 3-4　"段落"对话框

6. 标题格式设置。

将标题"齐齐哈尔医学院"设置为居中、仿宋，加 2.25 磅的阴影边框；将二级标题"齐齐哈尔医学院概况"设置为左对齐。

【提示】

对标题加边框，不能选择回车标记，否则所加边框的宽度为整个文档的宽度。

7. 中文版式的设置。

（1）将正文中第一段中的"丹顶鹤的故乡"添加拼音标注，字号为 10 磅，对齐方式为居中。

（2）将第二行文字内容改写为繁体字。

（3）将第三行的"27 万平方米"设置为华文彩云、加边框和底纹，字符间距为 200%。

【提示】

（1）添加拼音标注。单击"开始"选项卡中的"字体"选区中的"拼音指南"，在"拼音指南"对话框中设置。

（2）转换为繁体字。单击"审阅"选项卡中"中文简繁转换"选区中的"简繁转换"按钮，在"中文简繁转换"对话框中设置。

8. 将正文第四段首字"下沉" 2 行；分两栏，加分隔线；设置底纹颜色。

【提示】

在"边框和底纹"对话框"底纹"选项卡中设置颜色时，选择应用于：段落。

9. 在正文最后添加文字。

添加文字"办学理念：大学至善、大医精诚、崇尚学术、追求卓越"，格式为小四号、黑体、字符间距加宽 6 磅，文字分段，添加项目符号，分栏。

【提示】

单击"开始"选项卡中"段落"选区"项目符号"按钮右侧的三角箭头，在"项目符号"菜单中选择需要的样式。

10. 页面设置。

上下页边距：1.5cm；左右页边距：2cm；设置页面颜色。

11. 插入页眉和页脚。

设置页眉：齐齐哈尔医学院；页脚：班级：***，学号：***，姓名：***。

12. 保存文档。

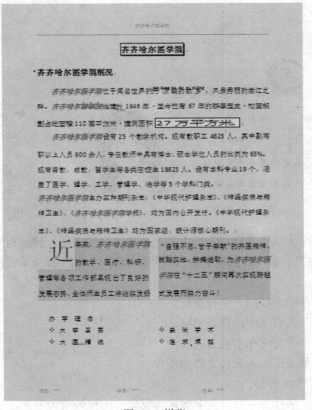

图 3-5　样张

实验二　Word 表格、图形和图文混排

一、实验目的

1. 掌握表格的设置方法。

2. 掌握图片、图形、艺术字、文本框的设置方法。

3. 掌握图文混排方法。

4. 熟悉长文档的排版方法。

二、实验内容

1. 建立个人基本信息表格（见图 3-6）。

【提示】

（1）插入表格。单击"插入"选项卡中"表格"选区"表格"按钮的三角箭头，打开"表格"下拉菜单，如图 3-7 所示。可以通过 3 种方法插入表格：拖动鼠标填充插入表格图形；单击"插入表格"命令；单击"绘制表格"命令。

图 3-6　样张

图 3-7　"表格"下拉菜单

（2）简历表是一个无规律表格。先插入一个 5 行 5 列的表格，然后利用"设计"选项卡中的"绘制表格"和"擦除"、"布局"选项卡中的"合并单元格"和"拆分单元格"等按钮来完成表格的绘制。

（3）通过插入图片的方法插入学校图标。

（4）使用"设计"选项卡中设置表格样式。

（5）单元格内容水平方向和垂直方向居中。

（6）在"照片"单元格插入来自文件的图片。

2. 插入艺术字"个人评价"：

字体为华文彩云，字号为一号，文字效果为发光，边框效果为发光。

【提示】

（1）插入艺术字。"插入"选项卡"文本"选区"艺术字"。

（2）艺术字格式。"格式"选项卡"艺术字样式"选区中"文字效果"。

（3）边框格式。"格式"选项卡"形状样式"选区中"形状效果"。

3. 插入剪贴画。

一个剪贴画嵌入文档，另一个剪贴画衬于文字下方。

【提示】

（1）插入剪贴画。单击"插入"选项卡"插图"选区中"剪贴画"，单击"剪贴画"窗格中"搜索"按钮，在内容区显示所有剪贴画。

（2）设置剪贴画格式。"格式"选项卡"排列"选区中的"自动换行"按钮。

4. 插入图形。

使用图形描述自己的求学经历，如图 3-8 所示。

图 3-8　插入图形

【提示】

（1）插入图形。"插入"选项卡"插图"选区中的"图形"按钮。

（2）设置图形格式。"格式"选项卡"形状样式"选区。

5. 插入公式（见图 3-9）。

$$p = \sqrt{\frac{x+y}{x-y}} + \left(\int_{\frac{\pi}{4}}^{\frac{3}{4}\pi} (1+\sin x)\,\mathrm{d}x + \cos 30° \right)$$

图 3-9　插入公式

6. 制作个人基本信息，效果如图 3-10 所示。

图 3-10　"个人基本信息"样张

7. 长文档样式设置，对"论文"文档的标题进行样式设置。

【提示】

选中设置的标题文字。选择"开始"选项卡中"样式"选区中标题样式。设置一级标题后样式如图 3-11 所示，同样方法设置二级标题文字。

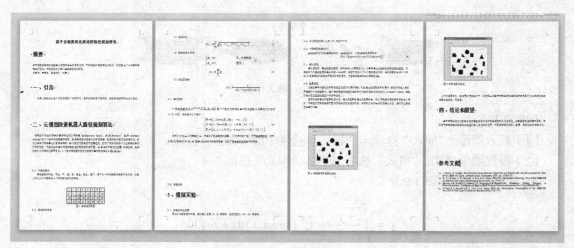

图 3-11　一级标题设置

8. 插入目录。

为设置样式后的文档插入目录。

【提示】

（1）"引用"选项卡中"目录"选区"目录"按钮，打开下拉菜单，在菜单中选择"插入目录"命令，如图 3-12 所示。

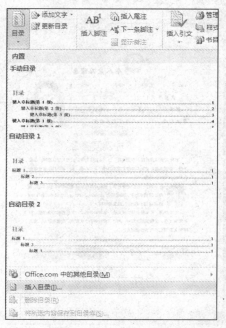

图 3-12　"目录"菜单

（2）在“目录”对话框，设置显示级别为 1。

（3）为文档创建目录如图 3-13 所示。

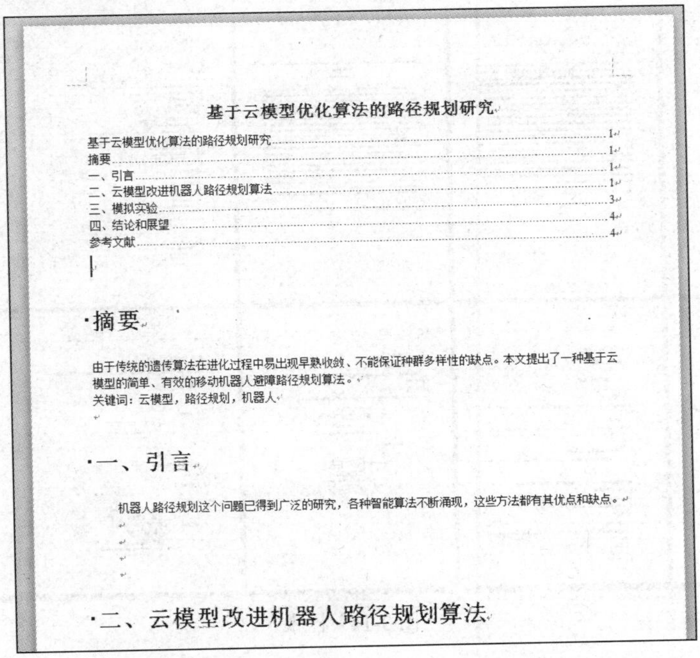

基于云模型优化算法的路径规划研究

基于云模型优化算法的路径规划研究 1
摘要 1
一、引言 1
二、云模型改进机器人路径规划算法 1
三、模拟实验 3
四、结论和展望 4
参考文献 4

摘要

由于传统的遗传算法在进化过程中易出现早熟收敛、不能保证种群多样性的缺点。本文提出了一种基于云模型的简单、有效的移动机器人避障路径规划算法。

关键词：云模型，路径规划，机器人

一、引言

机器人路径规划这个问题已得到广泛的研究，各种智能算法不断涌现，这些方法都有其优点和缺点。

二、云模型改进机器人路径规划算法

图 3-13　插入目录

实验三　Word 综合应用

一、实验目的

1. 按要求自行设计 Word 文档。
2. 实现 Word 文档的综合排版。

二、实验内容

（一）综合应用

制作毕业论文，样张如图 3-14 所示。

1. 论文组成。

由封面、中文摘要、英文摘要、目录、插图和正文、结论、参考文献、致谢等部分组成，并按前后顺序排列。

2. 论文格式基本要求。

（1）纸型：A4 纸，双面打印。

（2）页边距：上 3.5cm，下 2.5cm，左 2.5cm，右 2.5cm。

（3）页眉：2.5cm；页脚：2cm；左侧装订。

（4）字体：正文全部宋体、小四。

（5）行距：多倍行距（1.25），段前、段后均为0。

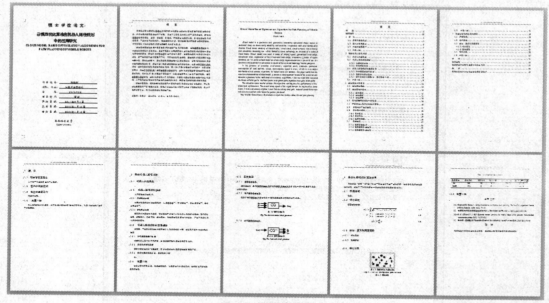

图 3-14　样张

3. 论文排版格式要求如下。

（1）中文题目，不超过20个汉字，居中；字体：华文细黑，加黑；字号：二号；行距：多倍行距 1.25；间距：前段、后段均为 0 行。英文题目，与中文题目对应，居中；字体：Times New Roman；字号：三号，加黑；行距：多倍行距 1.25；间距：前段、后段均为 0 行。

（2）论文的标识（学生信息）字体：宋体；字号：小三。

4. 目录要求：标题"目录"，字体：黑体，字号：小三。章、节标题和页码，字体：宋体，字号：小四。

5. 图形要精选，要具有自明性，图序、标题、图例说明居中置于图的下方。

6. 页眉和页脚。

（1）页眉边距：20mm，页脚边距：20mm。

（2）奇数页页眉，居中，宋体，五号，"齐齐哈尔医学院学士学位论文"。偶数页页眉为论文题目。

（3）页脚格式：页码，居中，底部，宋体，小五，正文起始页页码为1。

【提示】

（1）页眉页脚边距。在编辑页眉或页脚状态下，将"设计"选项卡"位置"选区中的"页眉顶端距离"和"页脚底端距离"设置为"2厘米"。

（2）奇偶页页眉内容。在页眉编辑状态下，先选择"设计"选项卡"选项"选区中的"奇偶页不同"，然后分别在奇数页和偶数页输入内容。

7. 公式居中对齐，公式编号用小括号括起，右对齐。

8. 样式排版，括号内为格式要求，如图3-15所示。

```
5    第五章题目(黑体，小三，1.5 倍行距，段后 11 磅)

5.1    第五章第一节题目(黑体，四号，1.5 倍行距，段前 0.5 行)

5.1.1    第五章第一节一级题目(黑体，小四，1.5 倍行距，段前 0.5 行)
```

图 3-15　样式排版

【提示】

"开始"选项卡中"样式"选区。

9. 文档底纹为："严禁复制"。

【提示】

"页面布局"选项卡"页面背景"选区中的"水印"。

10. 文中图、表和公式编号要求如下。

正文中的图、表、附注、公式一律采用阿拉伯数字分章编号，如图 1.2、表 2.3、附注 4.5、式 6.7 等。"图 1.2"就是指本论文第 1 章的第 2 个图，以此类推。文中参考文献采用阿拉伯数字根据全文统一编号，如文献[3]、文献[3,4]、文献[6-10]等，在正文中引用时用右上角角标标出。

11. 图的位置。

（1）图居中排列。

（2）图与上文应留一行空格。

12. 图的版式。

"设置图片格式"的"版式"为"上下型"或"嵌入型"，不能设置为"浮于文字之上"。

【提示】

编辑图片状态下，"格式"选项卡"排列"选区"自动换行"按钮。

13. 公式的格式要求如下。

（1）公式居中。

（2）公式序号应按章编号，公式编号在行末列出，如（2.1）、（2.2）。

（3）公式位置：公式之间及上下文间设置半行间距或者 6 磅，可根据情况适当调整，以保证格式协调和美观。

14. 插入表格。表格为三线表格，如图 3-16 所示。

应用算法	最优路径	其他路径	得最优概率	最优路径总长	最优路径平均长度
EA	769	231	76.9%	4559.38	81.45
EACM	972	28	97.2%	5949.77	61.33

图 3-16　表格样式

【提示】

插入表格后，在"设计"选项卡"表格样式"中选择三线样式。

（二）自主设计

主题自拟，设计一份板报。要求运用所学 Word 知识，如多栏编排、字符排版、段落排版、表格、文本框、页眉页脚等操作，进行图文混排。

实验四　Excel 工作表的基本操作

一、实验目的

1. 掌握 Excel 工作簿的建立、保存与打开。
2. 掌握工作表中数据输入和编辑的基本方法。
3. 掌握公式和函数的使用。
4. 熟悉工作表格式化方法。
5. 熟悉工作表的基本操作。

二、实验内容

创建工资表，样张如图 3-17 所示。

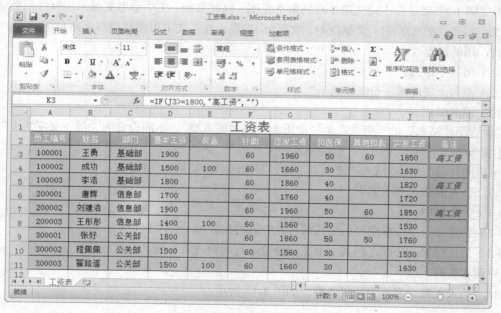

图 3-17　样张

1. 输入"工资表"数据并保存。"工资表"内容如图 3-18 所示。
2. 格式化工资表。选中 A1：K1 单元格，单击"合并后居中"按钮；标题字体设置为黑体，字号 18，字体颜色红色。表内容设置：行高 20 磅；垂直和水平方向居中；设置边框和样式。

【提示】

（1）设置合并居中。"开始"选择卡"对齐方式"选区中的"合并后居中"按钮 ■ 。
（2）对齐方式。"开始"选项卡"对齐方式"选区中的"垂直居中"和"居中"按钮。
（3）样式设置。"开始"选项卡"样式"选区中的"单元格样式"按钮。
（4）边框设置。"开始"选项卡"字体"选区中的"下划线"按钮。
（5）单击"开始"选项卡"字体"或"对齐方式"或"数字"选区中的启动器 ■ ，打开"设置单元格格式"对话框。对齐方式、样式和边框还可以在该对话框中的各个选项卡中完成设置。

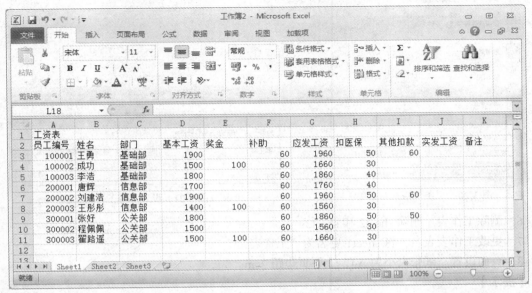

图 3-18　输入内容

3. 单元格计算。填充"实发工资"列。

【提示】

在编辑栏中输入"="后，输入计算表达式，填充 J3 单元格。使用拖动柄填充列。

4. 插入公式。如果"实发工资"大于等于 1800，则为"高工资"。

【提示】

在"编辑栏"输入"="，单击名称栏的三角箭头，在下拉菜单中选择 if 函数，打开"函数参数"对话框，进行设置，如图 3-19 所示。

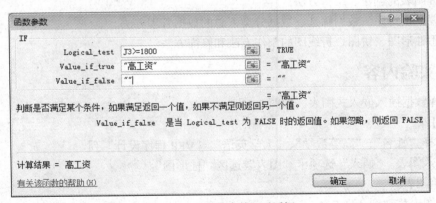

图 3-19　"函数参数"对话框

5. 设置条件格式。将高工资突出显示，加粗倾斜，红色。

【提示】

（1）在"开始"选项卡"样式"选区"条件格式"下拉菜单选择"等于"，如图 3-20 所示。

（2）在对话框中进行设置，如图 3-21 所示。

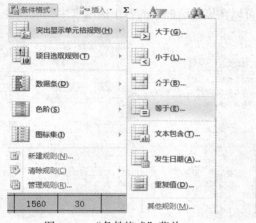

| 图 3-20   "条件格式"菜单 | 图 3-21   设置"等于"对话框 |

6. 删除工作表。删除 sheet2 和 sheet3。

7. 更改工作表表名。将 sheet1 更名为"工资表"。

8. 页面设置。纸张大小为 A4，上下页边距 2cm。

【提示】

（1）纸张大小。"页面布局"选项卡"页面设置"选区中"纸张大小"。

（2）页边距。"页面布局"选项卡"页面设置"选区中"页边距"。

实验五　　Excel 图表和数据管理

一、实验目的

1. 掌握图表的创建、编辑方法。

2. 掌握数据排序、数据筛选、数据分类汇总的数据管理方法。

3. 熟悉柱形图、饼图、折线图的制作方法和修饰方法。

二、实验内容

1. 选择数据插入嵌入式图表，如图 3-22 所示。

【提示】

（1）选择"姓名"、"高等数学"、"大学英语"、"VFP 程序设计"列。

（2）插入图表。"插入"选项卡"图表"选区"柱形图"。

2. 编辑图表。

（1）将图表移动到 A11:E26。

（2）添加图表标题"学生成绩表"和分类轴标题。

（3）删除"高等数学"列，将"大学英语"和"VFP 程序设计"列对调。

（4）将柱形图转换为"折线图"和"饼形图"。

【提示】

（1）图表标题。单击"布局"选项卡"标签"选区中"图表标题"，打开下拉菜单，如图 3-23

所示。选择"图表上方"，在图表中添加"图表标题"，输入"学生成绩单"。采用同样方法添加"坐标轴标题"。

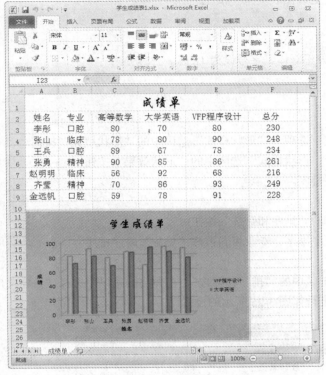

图 3-22　样张

图 3-23　"图表标题"菜单

（2）数据序列操作。单击"设计"选项卡"数据"选区中的"选择数据"按钮，在打开的对话框中进行设置。

（3）改变图表类型。单击"设计"选项卡"类型"选区中的"更改图表类型"按钮，打开"更改图表类型"对话框，如图 3-24 所示。

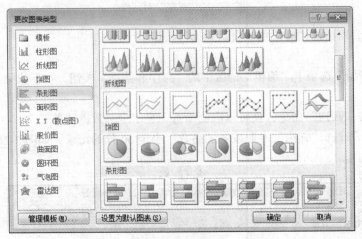

图 3-24　"更改图表类型"对话框

3. 更改图表类型。

【提示】

"设计"选项卡"类型"中的"更改图表类型"按钮。

4. 格式化图表。

（1）填充图表区背景色。

（2）编辑图表标题，字体设为方正舒体，字号设为 18 磅。

（3）图表字体：宋体，10 磅。

（4）更改图表边框。

【提示】

（1）填充图表区背景色。"格式"选项卡"形状样式"选区中的"形状填充"按钮。

（2）设置边框。"格式"选项卡"形状样式"选区中的"形状效果"按钮。

5. 简单排序。按"总分"降序排序。

【提示】

"开始"选项卡"编辑"选区中的"排序和筛选"按钮。

6. 复杂排序。先按"专业"升序排序，专业相同再按"总分"降序排序。

【提示】

单击"开始"选项卡"编辑"选区中的"排序和筛选"，在弹出的菜单中选择"自定义序列"选项，在弹出的"排序"对话框中进行如图 3-25 所示的设置。

图 3-25　"排序"对话框

7. 自动筛选。对数据内容添加"自动筛选"按钮。

【提示】

（1）单击"开始"选项卡"编辑"选区中的"排序和筛选"按钮，在下拉菜单中选择"筛选"命令。

（2）再次单击"筛选"命令，就可以取消筛选，显示全部数据清单。

8. 高级筛选。筛选"临床"专业或者"高数"小于 60 分的纪录，如图 3-26 所示。

	成绩单				
姓名	专业	高等数学	大学英语	VFP程序设计	总分
张山	临床	78	80	90	248
赵明明	临床	56	92	68	216

图 3-26　高级筛选

【提示】

（1）在 C11:D13 区域创建条件区域，如图 3-27 所示。

（2）选择"数据"选项卡"排序和筛选"按钮中的"高级"命令，打开"高级筛选"对话框，进行设置，如图 3-28 所示。

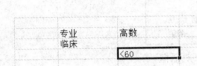

图 3-27　创建条件区域　　　　　　　　　图 3-28　"高级筛选"对话框

9．分类汇总。对各个专业的各科成绩计算平均分，如图 3-29 所示。

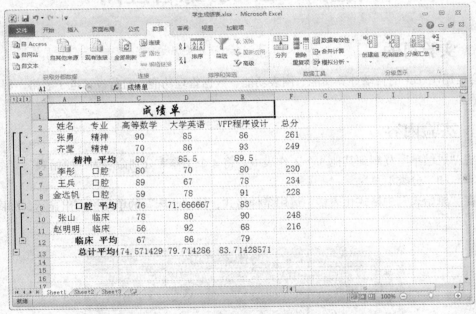

图 3-29　分类汇总

【提示】

（1）排序。首先对需要分类的字段进行排序（升序降序均可）。

（2）分类汇总。单击"数据"选项卡"分级显示"选区中的"分类汇总"按钮，打开"分类汇总"对话框，进行如下设置。分类字段：专业；汇总方式：平均值；选定汇总项：高等数学、大学英语、VFP 程序设计，如图 3-30 所示。

10．删除分类汇总。

【提示】

单击"数据"选项卡"分级显示"选区中的"分类汇总"按钮，打开"分类汇总"对话框。在"分类汇总"对话框中，单击"全部删除"按钮，就可以删除当前的分类汇总。

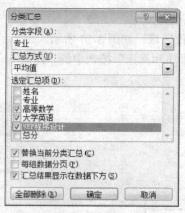

图 3-30 "分类汇总"对话框

实验六 Excel 综合应用

一、实验目的

综合运用 Excel 的自动计算功能、图表功能、数据管理功能，自行设计电子表格，解决所要求的问题。

二、实验内容

1. 将"成绩单"复制到其他 3 个工作表中。将 4 个工作表分别命名为"原始表"、"图表"、"函数计算"和"分类汇总"。

2. 在"原始表"中格式化表格。运用条件格式，使"临床"的单元格突出显示，如图 3-31 所示。

成绩单					
姓名	专业	高等数学	大学英语	VFP程序设计	总分
李彤	口腔	80	70	80	
张山	临床	78	80	90	
王兵	口腔	89	67	78	
张勇	精神	90	85	86	
赵明明	临床	56	92	68	
齐莹	精神	70	86	93	
金远帆	口腔	59	78	91	
平均分		74.6	79.7	83.7	

图 3-31 格式化表格

【提示】

（1）格式化表格。单击"开始"选项卡"字体"选区中的启动器 ，打开"设置单元格格式"对话框，在对话框中的"边框"和"填充"选项卡中设置底纹和边框。

（2）条件格式。单击"开始"选项卡"样式"选区中"条件格式"按钮，在菜单中选择"等于"，如图 3-32 所示。

3. 在"图表"中插入工作表式图表，为图表添加图表标题"成绩单"。

【提示】

插入图表后，单击"设计"选项卡"位置"选区中"移动图表"按钮。

4. 公式计算，如图 3-33 所示。

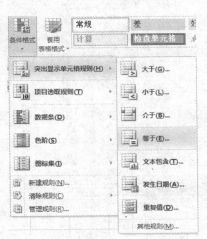

图 3-32　"条件格式"菜单

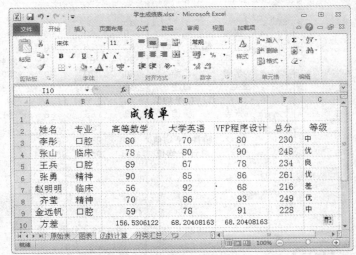

图 3-33　函数计算

（1）在 F3:F9 单元格中分别计算总分。

（2）在 C10:E10 单元格中计算每科成绩的方差。

（3）在 G3:G9 填充学生成绩等级。大于 240 分为优，大于 230 分为良，大于 220 分为中，小于等于 220 为差。

【提示】

（1）计算总分。在 F3:F9 单元格中插入 Sum 函数。

（2）计算方差。在 C10:E10 单元格中输入 VARP 函数。

（3）计算等级。在 G3:G9 填充 IF 函数，如图 3-34 所示。

=IF(F3>240,"优",IF(F3>230,"良",IF(F3>220,"中","差")))

图 3-34　输入 IF 函数

【提示】

计算方差的函数为 VARP 函数。

5. 在"分类汇总"中计算各个专业的各门课程的平均分，如图 3-35 所示。

【提示】

先对分类字段进行排序，然后分类汇总。

6. 均数检验：使用 TTEST 函数计算。某地 11 例克山病患者与 13 名健康人的血磷值（mmol/L）如下。

患者：0.84　1.05　1.2　1.2　1.39　1.53　1.67　1.8　1.87　2.07　2.11

健康人：0.54　0.64　0.64　0.75　0.76　0.81　1.16　1.2　1.34　1.35　1.45　1.87

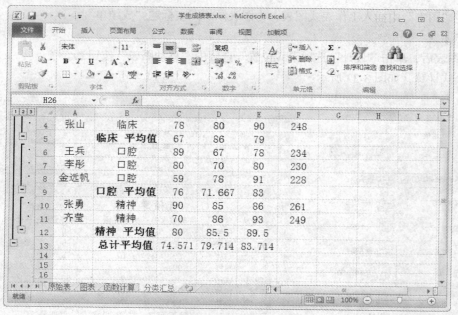

图 3-35　分类汇总

【提示】

（1）TTEST(array1,array2,tails,type)

Arrray1 为第一个数据集；　Array2 为第二个数据集。

Tails 指明单尾或双尾检验。1 函数使用单尾检验；2 函数使用双尾检验。

Type 为 t 检验类型。1 成对检验方法；2 等方差双样本检验；3 异方差双样本检验。

（2）在 A1:A11 区域输入患者血磷值；在 B1:B13 区域输入健康人血磷值。

（3）在 C1 输入 "=TTEST(A1:A11,B1:B13,2,2)"，按回车后显示 P 值是 "0.011999"。

（4）分析结果：因为 P 值<0.05，故可认为该地急性克山病患者与健康人的血磷值相比，患者较高。

7. 卡方检验：使用 CHITEST 函数计算。在二乙基亚硝酸胺诱发大白鼠鼻咽癌的实验中，一组单纯用亚硝酸胺向鼻腔滴注（鼻注组），另一组在鼻滴基础上加肌注维生素 B12，实验数据如表3-1 所示。

表 3-1　　　　　　　　　　　两组大白鼠发癌率的比较

处　理	发癌鼠数	未发癌鼠数
鼻注	52（57.18）	19（13.82）
鼻注+VitB12	39（33.82）	3（8.18）

【提示】

（1）在 E4:F5 区域输入实际频数数据。

（2）在 E6:F7 区域输入理论频数数据。

（3）在 H4 单元格中输入 "=CHITEST(E4:F5,E6:F7)"，按回车后显示 P 值是 "0.010882"．

（4）分析结果：卡方检验结果 P 值<0.05，故可认为增加肌注维生素 B12 有可能提高大白鼠的鼻咽癌发病率。

实验七　PowerPoint 演示文稿的基本操作

一、实验目的

1. 掌握建立演示文稿的基本方法。
2. 掌握应用设计模板的方法。
3. 熟悉母板、配色方案的设计方法。

二、实验内容

建立具有 6 张幻灯片的演示文稿，样张如图 3-36 所示。

图 3-36　样张

1. 第一张幻灯片采用"标题幻灯片"版式，在"主标题"占位区输入"我的母校"，在"副标题"占位符输入"齐齐哈尔医学院"。

2. 第二张幻灯片采用"仅标题"版式，在内容占位符添加图形，对图形添加文字，如图 3-37 所示。

【提示】

（1）插入图形。单击"插入"选项卡"插图"选区中的"形状"按钮，在打开的菜单中选择"圆角矩形"。

（2）添加文字。在图形上单击右键，在快捷菜单中选择"编辑文字"。

3. 第三张幻灯片采用"标题和内容"版式，输入内容，对内容占位符中的文字设置首行缩进设置，如图 3-38 所示。

图 3-37　第二张幻灯片内容

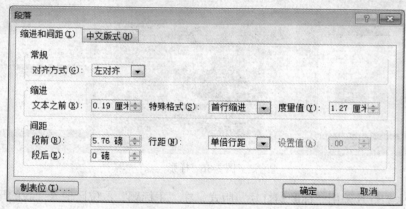

图 3-38　第三张幻灯片内容

【提示】

设置首行缩进。单击"开始"选项卡"段落"选区中的启动器，在"段落"对话框中的"缩进和间距"选项卡中进行设置，如图 3-39 所示。

图 3-39　"段落"选项卡

4. 第四张幻灯片采用"仅标题"版式，插入 SmartArt 图形，如图 3-40 所示。

图 3-40　第四张幻灯片内容

【提示】

（1）插入 SmartArt 图形。单击"插入"选项卡"插图"选区中的"SmartArt"按钮，在打开的对话框中选择"连续块状流程"。

（2）在"在此处键入文字"文本框中输入流程图文字，如图 3-41 所示。

5. 第五张幻灯片采用"空白"版式，添加背景图片，插入剪贴画和文本框，如图 3-42 所示。

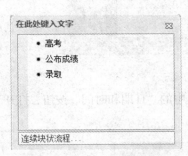

图 3-41　"输入文字"对话框　　　　　　　　　图 3-42　第五张幻灯片

6. 第六张采用"仅标题"版式，输入标题"业余乒协"，插入表格，如图 3-43 所示。

2008年	2009年	2010年	2011年
5人	12人	28人	50人

图 3-43　第六张幻灯片内容

7. 设计主题。选择需要的主题和主题颜色设置。

【提示】

（1）主题设置。在"设计"选项卡"主题"选区中选择需要的主题。

（2）主题颜色设置。单击"设计"选项卡"主题"中的"颜色"按钮，选择"新建主题颜色"命令，打开"新建主题颜色"对话框，进行设置。

8. 添加艺术字。在第一张幻灯片中添加艺术字。

【提示】

删除标题"我的母校"，单击"插入"选项卡"文本"选区中的"艺术字"按钮，在打开的"艺术字"下拉菜单中进行设置。

9. 设置母版。在母板中添加日期、幻灯片编码和制作人信息。

【提示】

（1）母版视图。"视图"选项卡中"母版视图"选区中的"幻灯片母版"，进入幻灯片母版视图，如图 3-44 所示。

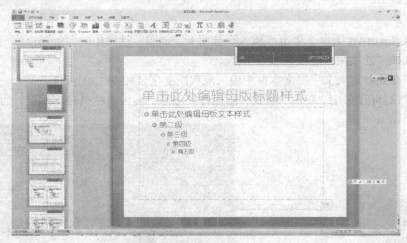

图 3-44　幻灯片母版视图

（2）设置幻灯片信息。单击"插入"选项卡"文本"选区中的"日期和时间"按钮，打开"页眉和页脚"对话框，进行设置，如图 3-45 所示。

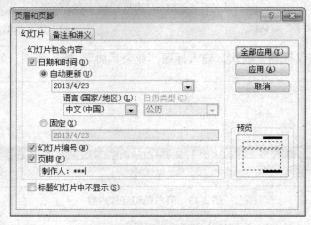

图 3-45　"页眉和页脚"对话框

10. 保存演示文稿并播放。

实验八　PowerPoint 设置超链接和动画效果

一、实验目的

1. 掌握超链接技术、对象动画效果和幻灯片切换的设置方法。
2. 熟悉放映演示文稿的方法。

二、实验内容

1. 创建有 4 张幻灯片的演示文稿，各张幻灯片如图 3-46、3-47、3-48 和 3-49 所示。

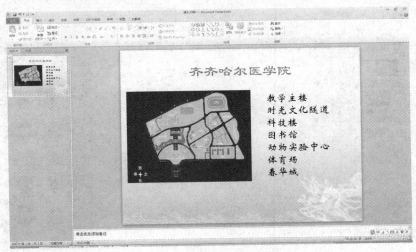

图 3-46　第一张幻灯片

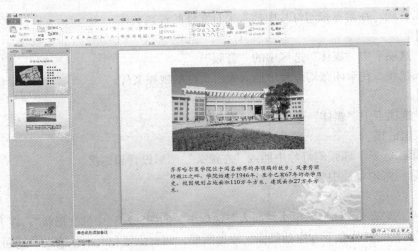

图 3-47　第二张幻灯片

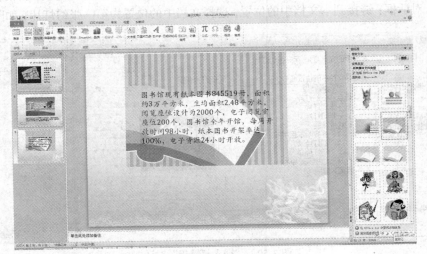

图 3-48　第三张幻灯片

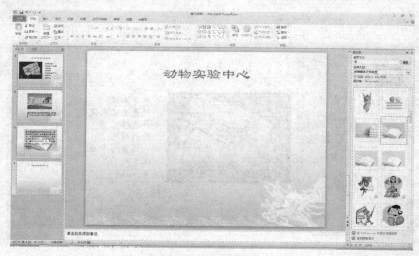

图 3-49　第四张幻灯片

2．插入音频。在第三张幻灯片中插入来自文件的音频文件。

【提示】

"插入"选项卡中"媒体"选区中的"音频"。

3．插入视频。在第四张幻灯片中插入来自文件的视频文件。

【提示】

"插入"选项卡中"媒体"选区中的"视频"。

4．插入超链接。

（1）在第二、三、四张幻灯片中插入"左箭头"图形设置超链接。

（2）在第一张幻灯片中，对文字添加超链接。

【提示】

（1）插入"左箭头"图形。单击"插入"选项卡"插图"选区中的"形状"，在下拉菜单中选择"左箭头"，在幻灯片左下方拖动鼠标，添加图形，调整位置和大小，输入"返回首页"。

（2）插入超链接。单击"插入"选项卡中的"超链接"，打开"插入超链接"对话框，设置"插入超链接"对话框：链接到本文档中的位置，选择文档中的位置为第一张幻灯片，如图 3-50 所示。

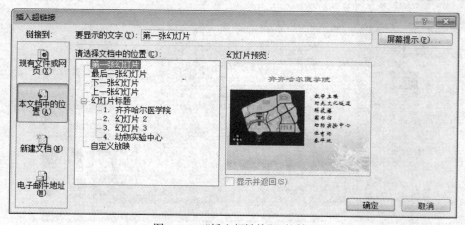

图 3-50　"插入超链接"对话框

5. 制作动画效果。对幻灯片添加各种动画效果。

【提示】

单击"动画"选项卡"高级动画"选区中的"添加动画"按钮，打开"添加动画"下拉菜单，在菜单中单击"更多进入效果"，打开"添加进入效果"对话框，选择"基本型"区域中的"飞入"，单击"确定"按钮。单击"动画"选项卡"预览"选区中的"预览"按钮。

6. 幻灯片切换。

【提示】

单击"切换"选项卡"切换至此幻灯片"选区中的"其他"按钮，在下拉菜单中"细微"选区中选择"擦除"，单击"切换"选项卡"计时"选区中"全部应用"按钮，将该切换效果应用于全部幻灯片的切换。

7. 放映演示文稿。

【提示】

（1）演讲者放映：以全屏方式显示。

（2）观众自行浏览：以窗口方式显示。

（3）在展台放映：设置每张幻灯片播放时间，在展台上自行播放。

实验九　PowerPoint 综合应用

一、实验目的

综合运用 PowerPoint 演示文稿的幻灯片设计和放映技术，按要求自行设计演示文稿。

二、实验内容

参照样张制作一份毕业论文答辩演示文稿，如图 3-51 所示。

1. 内容要求如下。

（1）概括性内容：课题标题、答辩人、课题指导教师、致谢等。

（2）课题研究内容：研究目的（意义）、方案设计（流程图）、运行过程、研究结果、有关课题结论和展望等。

（3）演示文稿要图文并茂，突出重点，页数不要太多。

（4）标题没有页码，内容每页都包含页码。

【提示】

单击"插入"选项卡"文本"选区中的"页眉和页脚"按钮，在"页眉和页脚"对话框中的设置如图 3-52 所示。

2. 应用主题模板。不要用太华丽的企业商务模板，学术样式文稿模板要低调、简洁。

【提示】

在"设计"选项卡"主题"区域中选择系统预设的主题模板。

3. 文字要求如下。

（1）文字不要太多。

（2）标题用 40 号，正文用 32 号，幻灯片中最小文字不要小于 20 号。

（3）正文内的文字排列，一般一行字数在 20 ~ 25 个左右，不要超过 6 ~ 7 行。行与行之间、段与段之间要有一定的间距，标题之间的距离（段间距）要大于行间距。

图 3-51　样张

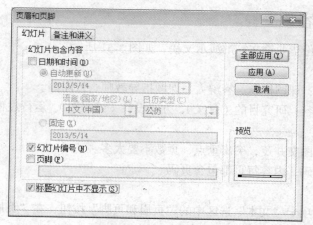

图 3-52　"页眉和页脚"对话框

4. 插入图片。

（1）图片在演示文稿里的位置和格式要统一，图片的四周可以加上阴影或外框。

（2）使用 "SmartArt" 工具绘制图形。

【提示】

单击 "插入" 选项卡 "插图" 选区中的 "SmartArt" 按钮 ，打开如图 3-53 所示对话框。

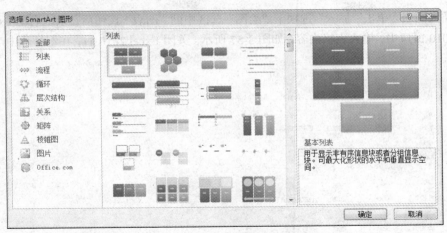

图 3-53　"选择 SmartArt 图形"对话框

5. 插入超链接。

（1）对目录中的文字添加超链接，使文字链接到关联的幻灯片中。

（2）对内容幻灯片添加返回目录的超链接。

【提示】

（1）对文字添加超链接。单击"插入"选项卡"链接"选区中的"超链接"按钮进行设置，设置后效果如图 3-54 所示。

（2）对图形添加超链接。插入形状后，添加"超链接"，如图 3-55 所示。

图 3-54　对文字添加超链接

图 3-55　对图形添加超链接

6. 设置自定义动画。

（1）对不同幻灯片添加动画效果。

（2）动画效果不少于 3 种。

【提示】

单击"动画"选项卡"高级动画"选区中的"添加动画"按钮，在下拉菜单中选择动画效果，如图 3-56 所示。

7. 插入表格，并对表格内容插入图表。

【提示】

（1）插入表格。单击"插入"选项卡"插入"选区中的"表格"按钮，即可插入表格。

（2）插入图表。单击"插入"选项卡"绘图"选区中的"图表"按钮后，系统启动 Excel 2010。在 Excel 2010 窗口中，输入表格内容，如图 3-57 所示。关闭 Excel 2010 后，在幻灯片中产生图表。

图 3-56　动画效果

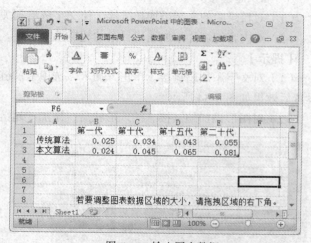

图 3-57　输入图表数据

8. 放映后保存演示文稿。

第4章
计算机网络实验

实验一　计算机网络应用基础

一、实验目的

1. 掌握浏览器、搜索引擎的使用方法。
2. 掌握信息浏览和文献检索的技术。
3. 掌握申请邮箱和收发电子邮件的方法。
4. 熟悉计算机网络的配置方法。

二、实验内容

1. 查看本机网络配置信息。

（1）计算机的名称：_____。

（2）IP地址：_____。

（3）子网掩码：_____。

（4）缺省网关：_____。

（5）首选DNS服务器：_____。

【提示】

（1）查看计算机名称。

计算机名称可以通过计算机属性查看，在桌面右键单击"计算机"图标，执行"属性"命令，然后弹出"查看有关计算机的基本信息"界面，如图4-1所示，在此可以查看当前使用计算机的基本信息。

（2）查看计算机网络配置。

计算机网络配置信息可以通过"网络连接"的TCP/IP属性查看。在桌面右键单击"网络"图标，执行"属性"命令，然后弹出"查看基本网络信息并设置连接"界面，如图4-2所示。或单击"开始"按钮，执行"控制面板"菜单命令，在"调整计算机的设置"对话框中单击"网络和Internet"图标，也可弹出"查看基本网络信息并设置连接"界面。

图 4-1 "查看有关计算机的基本信息"界面

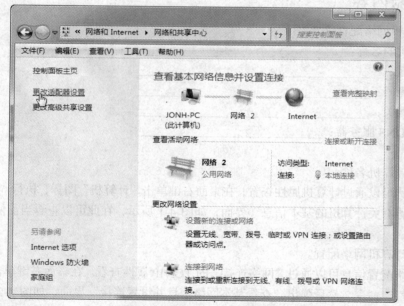

图 4-2 "查看计算机网络信息并设置连接"界面

在"查看计算机网络信息并设置连接"界面中单击"更改适配器设置"链接，显示图 4-3 窗口。右键单击"本地连接"，在弹出的菜单中执行"属性"命令，出现如图 4-4 所示的"本地连接

属性"界面，选中"Internet 协议版本 4
（TCP/IPv4）"之后单击"属性"按钮，将弹出
"Internet 协议版本 4（TCP/IPv4）属性"对话
框，如图 4-5 所示，可以在此对话框中查看和
设置此网络配置信息。

2．浏览器的使用和信息检索练习。

（1）启动自己喜欢的浏览器，将自己所属
学院的网址设置为主页。

（2）删除浏览器的临时文件。

（3）通过 Internet 查阅资料，写一篇关于
"中国巨型计算机的发展历程"的论文，字数约
1000 字，需要提供相应的图片。论文保存名称
为"学号+姓名.doc"。

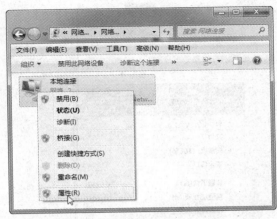

图 4-3　网络连接界面

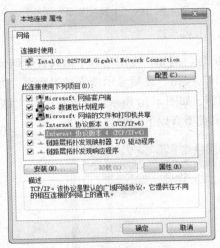

图 4-4　"本地连接属性"对话框

图 4-5　"Internet 协议版本 4（TCP/IPv4）属性"对话框

【提示】

以 IE 9 为例说明。

（1）显示"Internet 选项"对话框方法。

方法 1：打开 IE 9 后，单击右上角"工具"按钮，如图 4-6 所示，选择"Internet 选项"菜单
命令。

方法 2：在如图 4-2 所示的"查看基本网络信息并设置连接"界面中单击"Internet 选项"链接。

（2）设置浏览器主页方法。

在如图 4-7 所示的"Internet 选项"对话框中，单击"常规"选项卡，在"主页"设置区域输
入网址，然后单击"使用默认值"按钮。

（3）删除浏览器的临时文件。

在如图 4-7 所示的"Internet 选项"对话框中，单击"常规"选项卡，在"浏览历史记录"设
置区域，单击"删除"按钮。

图 4-6　IE9 "工具" 菜单

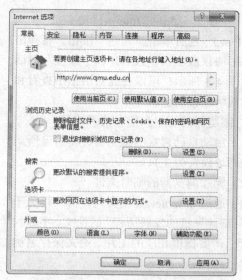

图 4-7　IE9 "工具" 菜单

（4）搜索信息。

方法 1：利用常用的搜索引擎在互联网上搜索所需信息。例如，在浏览器中输入百度网址，输入需要搜索的关键词，如图 4-8 所示，单击 "百度一下" 按钮，之后显示搜索结果网页，如图 4-9 所示，单击网页中的链接，显示该链接的具体网页内容，如图 4-10 所示，可以利用 IE 浏览器提供的保存命令，将网页保存到本地计算机上。保存网页类型有以下几种。

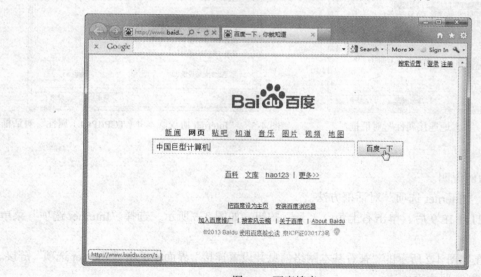

图 4-8　百度搜索

① 网页，全部：保存整个网页，包括页面结构、图片、文本和超链接等，页面中的嵌入文件被保存在一个和网页同名的文件夹内。

② Web 档案，单一文件：把整个网页的图片和文字封装在一个 .mht 文件中。

③ 网页，仅 HTML：仅保存当前网页上以文字为主的内容，不包括图片等其他可视信息。

④ 文本文件：只保存当前页中的文本，为文本文件。

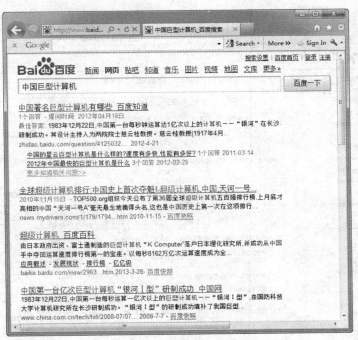

图 4-9　百度搜索结果网页

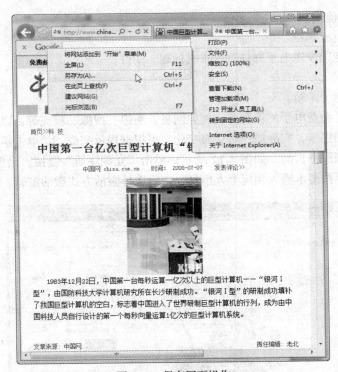

图 4-10　保存网页操作

方法 2：利用高校的图书馆引进的一些大型文献数据库搜索所需信息。例如通过学校提供的文献数据库访问入口，进入"中国知网"，如图 4-11 所示，输入检索条件，就可以搜索所需要的文献。

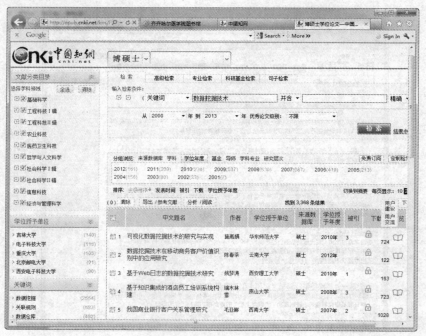

图 4-11　中国知网数据库

3．电子邮件的使用。

（1）申请免费电子邮箱。

（2）给同学或老师发送电子邮件，要求有标题、附件。

【提示】

（1）申请免费电子邮箱。

很多网站提供了免费电子邮箱服务，例如网易、新浪、搜狐、雅虎等，以新浪免费邮箱申请为例（网站页面不断更新，实际操作时会有变化，可根据提示完成。），单击新浪主页的"邮箱"链接，进入新浪邮箱服务页面，如图 4-12 所示，单击"立刻注册"链接，出现如图 4-13 所示的免费邮箱注册页面，按要求输入相应个人信息，之后选择激活方式激活邮箱。

图 4-12　新浪的邮箱服务页面

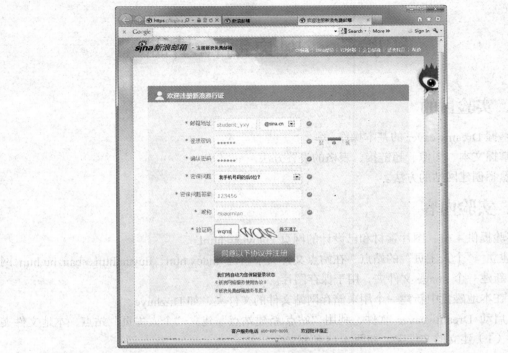

图 4-13　新浪的免费邮箱注册页面

（2）收发电子邮件。

进入网站自己的电子邮箱，出现如图 4-14 所示的类似网页界面，单击"写信"按钮可以发送邮件。发送邮件需要填写收信人的邮箱地址、主题，在正文输入邮件内容。如果需要发送文件（如 Word 文档），可以单击"上传附件"实现。单击"收信"按钮，可以显示收信箱内容，查看邮件内容。

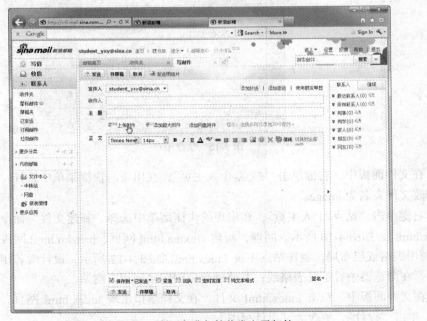

图 4-14　利用免费邮箱收发电子邮件

实验二　网页制作基础

一、实验目的

1. 掌握 Dreamweaver 的基本操作。
2. 掌握文本、图像、超链接、表格的设置方法。
3. 熟悉创建网站的方法。

二、实验内容

本实验提供素材：图片素材和已设计的网页 xiaoyuan.html。

1. 建立 "个人主页" 的站点，在站点文件夹中新建 index.htm、liuyan.htm、banzhu.htm 网页文件，新建一个 image 文件夹，用于保存图片。

（1）在本地磁盘中新建一个用来储存网站文件的文件夹，如 D:\zhuye。

（2）启动 Dreamweaver 软件，利用 "站点|新建站点" 建立 "个人主页" 站点，本地文件夹设为步骤（1）建立的文件夹，如图 4-15 所示。

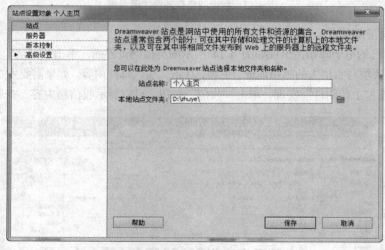

图 4-15　新建站点

（3）在文件面板中，右键单击 "站点-个人主页"，在出现的快捷菜单中选择 "新建文件夹" 命令，修改文件夹名为 image。

（4）右键单击 "站点-个人主页"，在出现的快捷菜单中选择 "新建文件" 命令，修改文件名为 "index.html"，如图 4-16 所示。同理，新建 xiuxian.html 网页、banzhu.html 网页。

2. 利用表格或层布局，制作站点主页 index.html 如图 4-17 所示，设计时若用表格定位，制作完成后，在浏览器中看不见表格线；友情链接分别链接到相应网站。

（1）在文件面板中，双击 index.html 文件，在文档窗口出现 index.html 网页，如果不是 "设计视图"，单击 "设计"，更改为 "设计视图"。

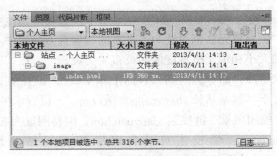

图 4-16　利用文件面板管理站点文件

图 4-17　index.html 浏览界面

（2）在第 1 行插入 1 行 2 列的表格，设置表格属性水平居中，边框粗细为 0，如图 4-18 所示，在第 1 个单元格插入图片 tb.jpg，在第 2 个单元格输入文字"大学至善 大医精诚"，设置两个单元格的水平对齐方式为居中对齐，自行设置文字字体和大小。

图 4-18　index.html 编辑界面

（3）在第 2 行插入水平线，命令为"插入|HTML|水平线"，设置宽度为 80%。

（4）在第 3 行处插入 4 行 2 列的表格，如图 4-18 所示设置表格属性水平居中，边框粗细为 0。合并第 2 列 4 个单元格，所有单元格都设置为水平方向和垂直方向居中。在相应的单元格内插入图片和文字，调整图像的大小和单元格宽度使网页布局美观。

（5）在第 4 行插入水平线，命令为"插入|HTML|水平线"，设置宽度为 80%。

（6）在第 5 行输入文字"联系站长 zhanzhang@163.com"，设置水平居中。

（7）设置链接。将"校园风景"链接到 xiaoyuan.htm，网易网址为 http://www.163.com，百度网址为 http://www.baidu.com，学校主页是自己学校的网站地址，站长邮箱链接到 zhanzhang@163.com。另外，为图片中的高楼设置热区，链接到 xiaoyuan.html。

3. 制作斑竹简介 banzu.html 网页，按图 4-19 设计或自行设计。

页面内容为自我介绍，需要设置背景颜色；包含"返回"链接，单击后可以返回到主页 index.html，"返回"链接可以用文字，也可以自选一个动画或图像文件。

利用表格进行布局，可参照图 4-20 设计。

图 4-19　banzhu.html 浏览界面

图 4-20　banzhu.html 编辑界面

4. 制作留言网页 liuyan.html，如图 4-21 所示，用于收集访问用户信息。

图 4-21　liuyan.html 浏览界面

表格负责标签和表单域控件的定位，可参照图 4-22 编辑界面设计。

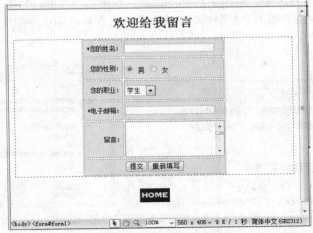

图 4-22　liuyan.html 编辑界面

（1）修改页面属性，默认字体设为 12。在第 1 行，输入文字"欢迎给我留言"，设置字体、字号、字颜色，并居中。

（2）光标定位到第 2 行，执行"插入|表单|表单"命令，插入表单，出现红色虚线框。

（3）光标定位到表单的虚线框内，插入 6 行 2 列、边框为 0 的表格，将第 6 行两个单元格合并，所有单元格背景颜色为"#CFE5F0"。在第 1 列按图 4-22 所示，输入文字。

（4）选择第 1 列单元格，设置水平右对齐。选择第 2 列单元格，设置水平左对齐。

（5）利用"插入|表单"命令，插入各种表单域。"姓名"为文本域；"性别"为两个单选钮；"职业"为列表/菜单，单击其属性面板的"列表值"按钮设置列表内容；"电子邮箱"为文本域；"留言"为文本区域，"行数"设为 5；"提交"为按钮，其"动作"是"提交表单"；"重新填写"也为按钮，需利用属性面板设置"动作"为"重设表单"，"值"为"重新填写"。

（6）在表格下方，插入用于返回 index.html 网页的图片，设置其链接属性。

【提示】

（1）执行"修改|页面属性"命令，出现"页面属性"对话框，如图 4-23 所示，可以设置页面文字的默认字体和大小、页面背景颜色、背景图片、标题等内容，用来确定页面的整体风格。

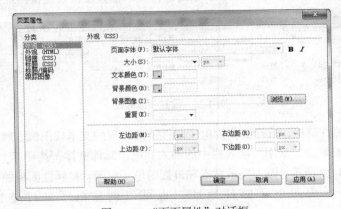

图 4-23　"页面属性"对话框

（2）插入图片时，如果图片没有保存在站点的 image 目录里，需按系统提示，将使用的图片保存到站点的 image 文件夹中，如图 4-24 所示。建议在插入图片前，利用"我的电脑"或"资源管理器"，先将网站中需要的图片复制到站点中，这样，在站点中引用图片时，将使用相对路径，方便网站的维护。

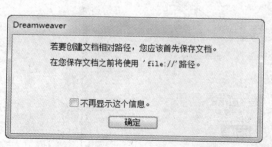

图 4-24　提示将图像复制到站点的对话框

（3）通过文字或图像属性面板中链接浏览按钮，设置到本地文件的链接。例如，要想设置"校园风景"文字链接到 xiaoyuan.html 文件，应首先选中该文字，在它的属性面板中单击链接右侧的浏览按钮，浏览选择"xiuxian.htm"网页，在链接文本框中，出现链接的路径（相对路径），如图 4-25 所示。

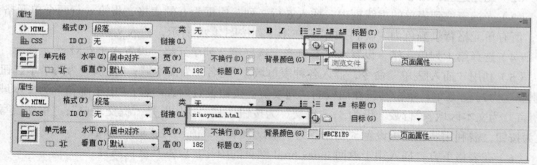

图 4-25　设置文字超链接

（4）设置外部链接，必须使用 URL，直接在链接文本框输入 URL 即可。例如，设置百度网链接的方法：选中文字"百度"，在属性面板的链接文本框直接输入链接网址，如图 4-26 所示。

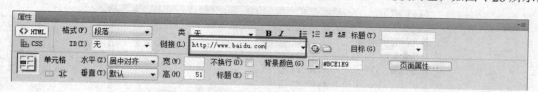

图 4-26　设置外部链接

（5）设置电子邮件链接，选择要作为电子邮件链接出现的文本或图像，然后选择"插入|电子邮件链接"命令，或单击"常用"插入栏中的插入"电子邮件链接"按钮 ，出现"电子邮件链接"对话框如图 4-27 所示，输入提示文本和链接的电子邮箱。在属性面板的"链接"文本框中，键入"mailto:"，后面跟电子邮件地址，也可以创建电子邮件链接，例如，键入"mailto:zhanzhang@163.com"。

图 4-27　设置外部链接

（6）在一张图像上设置若干区域，这些区域可以单独设置超链接，在浏览器中分别单击这些区域，可以跳转到不同的位置。这些区域称为"热区"，每个"热区"与一个超链接相对应。

设置图像地图，先选择图像，出现图像属性面板，如图 4-28 所示。在"属性"面板中，输入"地图名称"。利用属性面板圆形工具、矩形工具、多边形工具设置热区及对应的超链接。

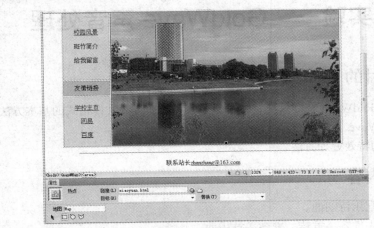

图 4-28　设置外部链接

（7）在"我的电脑"或"资源管理器"中，用鼠标双击网页文件，默认是在浏览器中显示。如果希望利用 Dreamweaver 重新设计网页，右键单击需要编辑的网页文件，在弹出的菜单中选择打开方式"Dreamweaver"，就可以启动 Dreamweaver，并将该网页文件打开。

第5章
多媒体技术基础实验

实验一　GoldWave 声音处理

一、实验目的

1. 掌握使用 GoldWave 进行录制、编辑、播放和转换音频文件格式的基本方法。
2. 熟悉 GoldWave 工作界面。
3. 了解声音的特效处理方法。

二、实验内容

准备素材完成配乐诗朗诵。

素材准备：事先准备一首诗、准备一首乐曲。

硬件准备：录制声音需要的硬件主要有声卡、麦克风、音箱。将麦克风插到计算机上，适当调整麦克风的音量。

【知识要点】

- 录制声音，保存声音文件。
- 两个声音波形的合成。
- 声音降噪、添加回声等效果。

【提示】

（1）录音。

① 启动 GoldWave 软件。

② 新建文件：单击"新建"按钮，弹出"新建声音"对话框。

③ 修改采样频率和初始化长度，采样率改为 22050，时间改为 5 分钟，如图 5-1 所示。窗口中出现空白文件。

④ 在 GoldWave 右侧控制面板上，单击红色的"录音"按钮，然后对着麦克风朗诵事先准备的诗，这里录制内容如下。

图 5-1　新建声音

乡愁 （余光中）

小时侯 乡愁是一枚小小的邮票

我在这头

母亲在那头

长大后 乡愁是一张窄窄的船票

我在这头

新娘在那头

后来呵 乡愁是一方矮矮的坟墓

我在外头

母亲呵在里头

而现在 乡愁是一湾浅浅的海峡

我在这头

大陆在那头

⑤ 单击方块按钮■停止，两条竖线按钮的作用是暂停录音▮▮。此时录制好的波形如图 5-2 所示。

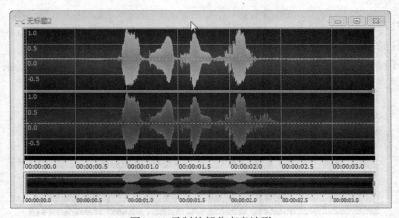

图 5-2 录制的部分声音波形

（2）更改音量。

如果录音音量太小，可以通过下面的方法更改音量。

方法 1：选择"效果|音量|更改音量"命令，打开对话框，如图 5-3 所示；建议右面数值框内的数值不要超过 10，修改过程中可以按绿色播放按钮试听。

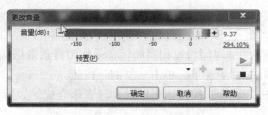

图 5-3 更改音量

方法 2：选择"效果|动态"命令，在"预置"里选择"巨响"即可很快修改音量大小。推荐使用"放大明亮度"，如图 5-4 所示。

方法 3：选择"效果|滤波器|均衡器…"命令，移动滑动块，数值越高代表调整的音量越高，如图 5-5 所示。

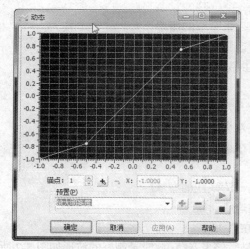

图 5-4　设置动态巨响

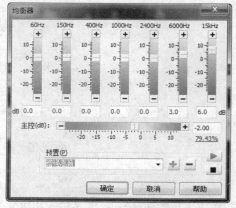

图 5-5　利用均衡器更改音量

（3）降噪处理。

录制的声音如果有杂音，需要降噪处理。

① 选中一段杂音，如图 5-6 所示（屏幕显示蓝色部分），然后选择"编辑|复制"命令。

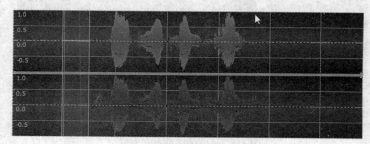

图 5-6　选中杂音

② 单击工具栏上的"全选"按钮，选中所有音波，也就是对所有音波进行降噪处理。

③ 选择"效果|滤波器|降噪.."命令，在降噪面板中选择"使用剪贴板"，然后单击"确定"按钮回到窗口中；可以发现此时窗口中的波形中那些锯齿杂音都没了，单击播放按钮，试听效果。

④ 保存录音文件："乡愁.mp3"。

（4）音频合成。

① 打开"乡愁.mp3"文件，查看声音文件的时间长度。

② 打开一段与"乡愁"朗诵时间长短相当的轻音乐作为背景音乐，如果音乐较长，可以"剪裁"音乐。全选已经编辑好的背景音乐，单击"复制"按钮。

③ 选择"乡愁"，单击"混音"按钮，将朗诵和轻音乐合成，如图 5-7 所示，下面的窗口为朗诵和音乐的混音。

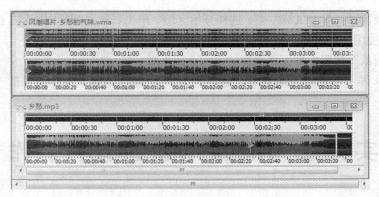

图 5-7　混音

（5）淡入淡出效果。

① 把乐曲开始部分设置成选区，使用淡入命令。

② 把乐曲结束部分设置成选区，使用淡出命令。

③ 保存文件。

（6）设置回声效果。

① 选择编辑区域。单击"回声"工具，如图 5-8 所示。

② 移动"回声"滑块。

③ 移动"延迟"滑块，调整延迟时间。

④ 移动"音量"滑块，确定衰减音量。

⑤ 单击"立体声"选项，回声采用立体声。

⑥ 单击"产生尾声"选项，产生多次波叠加的效果。

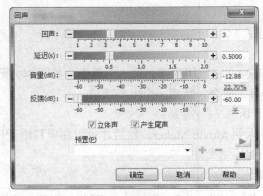

图 5-8　回声

2．制作手机铃声。

利用 GoldWave 的声音裁剪功能完成手机铃声的制作，裁剪一首歌曲的高潮部分即可。同时，将所给音乐文件格式保存为其他音频文件格式。

【知识要点】

剪裁声音。

【提示】

① 启动 GoldWave，"打开"音乐文件，文件为 wma 格式。

② 选择剪裁区域：单击鼠标左键，选择开始区域，单击右键选择结束区域，最后用鼠标调整所选区域，可以使用"控制器"按钮 ▶ 试听所选区域。

③ 单击"剪裁"按钮，即可将选择的区域剪裁下来。

④ 选择"文件|另存为..."，选择"保存类型"为 mp3 格式，保存只包括一部分波形的音乐即可。

实验二　Movie Maker 影片制作

一、实验目的

1. 掌握使用 Movie Maker 完成影片制作的基本方法。
2. 熟悉 Movie Maker 工作界面。

二、实验内容

利用多媒体素材设计和制作电影。素材可以是图片、视频、声音等。这里编辑一段动物世界的电影视频短片，电影情节由一段剪裁的视频开始，后面由一系列图片构成画面，中间添加视频效果和视频过渡等。另外配上音乐（"动物世界"音乐和"亲亲我的宝贝"歌曲）和旁白（介绍动物的习性）。将上述素材组合成一部电影视频。

【知识要点】
- 导入多媒体素材。
- 编辑影片。

【提示】

设计一个电影项目，包括 3 大步骤。

（1）准备素材。

① 启动 Windows Movie Maker 应用程序，进入主界面，如图 5-9 所示。

② 选择"文件|新建项目"命令，新建一个电影项目。

③ 导入视频、图片、音乐

将准备好的素材文件导入到 Movie Maker，然后才可以在项目中使用它们。在 Movie Maker 中所做的任何编辑都不会影响原始文件。

导入支持的文件格式如下。

- 视频文件：.wmv、.asf、.avi、.wm、mpeg1、.mpeg、.mpg、.mlv、.mp2。
- 音频文件：.wma、.wav、.snd、.au、.aif、.aifc、.aiff、.mp3。
- 静止图像：.bmp、.jpg、.jpeg、.jpe、.jfif。
- 动态图片：.gif 等。

具体方法是在左侧"电影任务"窗格"捕获视频"单击相应的项目，导入相应的素材，导入的内容全部列在"收藏"窗格中，供编辑电影使用。

④ 剪裁剪辑：可以将一个视频文件拆分成两部分。

如果需要将一个电影的片断作为自己电影的一个剪辑，方法如下。

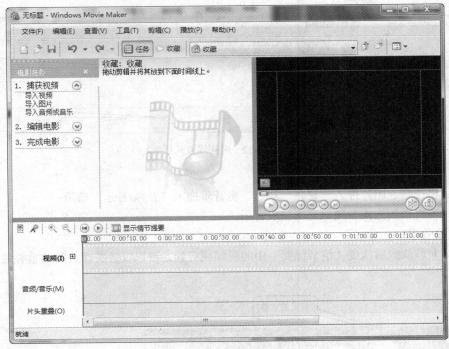

图 5-9 Movie Maker 主界面

第一，导入视频文件。

第二，在"收藏"窗格中选中导入的视频文件。

第三，在"视频监视器"下面的滑杆上拖动滑条，直到需要的部分为止。

第四，在视频预览区右下角单击"拆分剪辑"按钮，如图 5-10 所示。可以看到在"收藏"区自动将视频文件拆分为两个视频，删去不需要的视频即可。

（2）编辑电影项目：在编辑区完成。

编辑区分为两种显示方式：单击"显示时间线"或"显示情节提要"，分别是如图 5-11 所示的情节提要方式和如图 5-12 所示的时间线方式。

拆分剪辑

图 5-10 "视频拆分"按钮

情节提要方式

图 5-11 情节提要方式

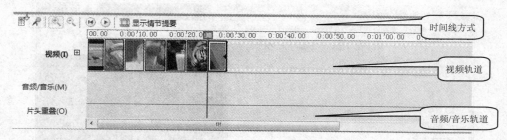

图 5-12　时间线方式

① 将素材拖放到编辑区。

方法：将视频、图片拖入"视频"轨道，将音乐拖入"音频/音乐"轨道。

注意：若将视频拖入音频轨道则提取音乐。

② 重叠效果。

用鼠标向前或向后拖曳"情节提要"中的视频或音频，可以设置剪辑之间的重叠效果，如图 5-13 所示。

图 5-13　剪辑的重叠效果

③ 设置"视频效果"。

操作：单击左侧"查看视频效果"，拖动某种效果到素材的时间轴上，如图 5-14 所示。右键单击效果可以删除"视频效果"。

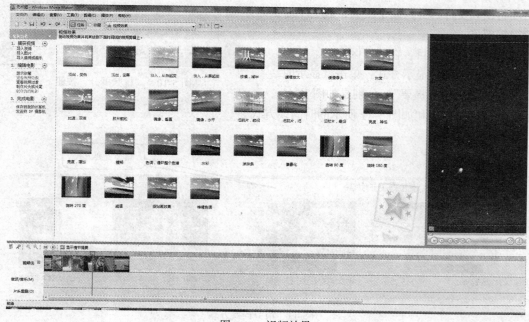

图 5-14　视频效果

④ 设置"视频过渡"。

操作：单击左侧"查看视频过渡"，拖动某种过渡到素材的时间轴上，如图 5-15 所示。右键单击过渡可以删除"视频过渡"

说明："视频效果"和"视频过渡"可以同时使用，哪种效果好，就可拖到视屏轨道上。

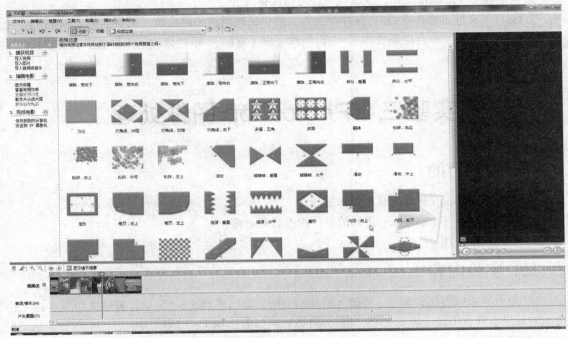

图 5-15　视频过渡

⑤ 影片的片头和片尾制作。

在"电影任务" 2 中，选择"制作片头或片尾"选项，出现如图 5-16 所示内容。

可以在适当的位置添加片头和片尾。编辑完片头和片尾，单击"任务"按钮返回。

可以设置"更改片头动画效果"、"更改文本字体和颜色"等选项。片头和片尾的内容自定，可以参考电影电视的片头和片尾。

片头内容：可以有片名、导演、制作时间等。

片尾内容：可以有演员表、策划、录音（旁白）、制作人、剪辑、后期合成等。

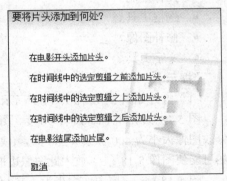

图 5-16　添加片头和片尾

⑥ 编辑声音。

拖进来的音乐可能比影片长，用鼠标按住音频编辑区音乐的开始或者末尾的节点，将它拉到与影片一样长即可。

⑦ 录制旁白。

单击如图 5-17 所示"旁白时间线"按钮，编辑区按钮左数第 2 个，然后单击"开始旁白"按钮，即可录音。录制完成之后，单击"停止旁白"按钮，保存文件（扩展名.wma）。

🖻 🔍 🔍 🔍 | ⏮ ▶ | 🖳 显示情节提要

图 5-17　编辑区按钮

（3）完成电影：保存、发布电影。

检查整部影片的编辑工作，播放测试，之后保存文件。

方法 1："文件 | 保存项目"，保存源文件，便于每次继续编辑修改（扩展名为 mswmm）。

方法 2："文件 | 保存电影文件"，电影制作完成（定稿），不能修改。保存电影需要较长的时间（扩展名为 wmv）。

实验三　Photoshop 图像处理

一、实验目的

1. 掌握 Photoshop 软件的基本操作方法。
2. 熟悉如何利用 Photoshop 进行简单的图像效果处理。
3. 熟悉图层应用。

二、实验内容

1. 为书画添加边框和文字。将没有装裱的书画，如图 5-18（b）所示，装裱成如图 5-18（a）所示的效果，并在书画上填写文字"梅"，最终效果如图 5-18（c）所示。

【知识要点】

* 设置图像大小，旋转图像，缩放图像等。
* 图像复制。
* 选框工具。
* 修补图像。
* 文字工具。

【提示】

（1）打开如图 5-18（a）、（b）所示的两幅图片，查看并修改图像大小。

图 5-18（a）：将图像旋转 90 度，图像大小为（350 像素 × 175 像素），选择"图像|图像大小"，修改图像大小为 400 像素 × 280 像素，取消"约束比例"。可以根据需要，自行设计图像大小尺寸，尽可能使图像 5-18（b）放入此图像边框中。

图 5-18（b）：原图像大小为（350 像素 × 215 像素）。

（2）新建图像文件（400 像素 × 280 像素），复制图像 5-18（b）到新图像中。使用"矩形选框工具"将图 5-18（a）中间部分选中，选择"选择|反选"命令，将边框复制到新建文件中。图层控制面板如图 5-19 所示。

（3）选中图层 1，缩放图像的大小，并用"移动"工具移动图像到合适位置。使用"修补工具"将图像左下角的文字去掉。

（4）使用"文字工具"写"梅"字，文字设为"华文行楷"、"红色"，大小适中，放置适当位置。

（5）保存图像，如图 5-18（c）所示。保存为 psd 格式或 jpg 格式。

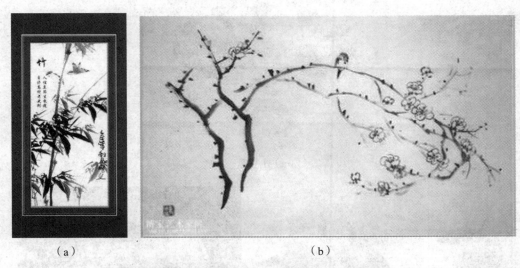

　　　（a）　　　　　　　　　　　　　　　　　（b）

（c）

图 5-18　书画图像效果

图 5-19　图像修复效果

2．图像修复及作图。

使用"仿制图章工具"或"修复画笔工具"，将水果放置到果盘上。将如图 5-20（a）、（b）所示的原始图像编辑为如图 5-20（c）所示的效果。

【知识要点】

仿制图章工具和修复画笔工具的区别。

（a）水果盘

（b）水果

（c）修复果盘

图 5-20　果盘图像修复效果

【提示】

（1）选取工具："仿制图章工具"或者"修复画笔工具"。

（2）确定取样点：在选项栏中选择一个硬度为 0 且大小适中的画笔，选中"对齐"。将工具移到如图 5-20（b）所示水果上，按住 Alt 键同时单击鼠标。

（2）复制图像：将鼠标移到如图 5-20（a）所示图像中的空盘子上，按下鼠标不断拖动。

（3）图 5-20（c）所示是通过工具将图 5-20（b）所示的水果复制到图 5-20（a）所示盘子上的效果。

3. 宣传图像设计。

利用提供的素材，设计"爱护环境　人人有责"的宣传图片，实例效果如图 5-21（e）所示，效果图由图 5-21（a）、（b）、（c）、（d）四幅图像合并加工而成。

【知识要点】

- 图像合成。
- 图层蒙版。
- 画笔工具、套索工具、钢笔工具。
- 滤镜。

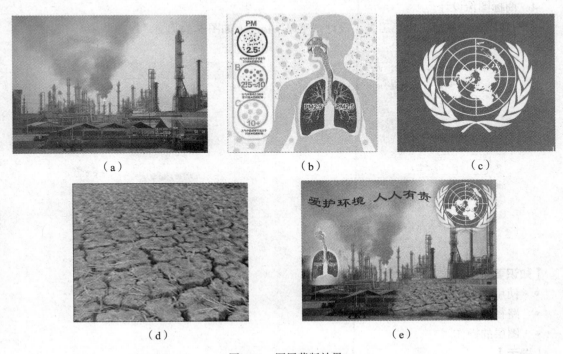

（a）　　　　　　　　　　（b）　　　　　　　　　　（c）

（d）　　　　　　　　　　（e）

图 5-21　图层蒙版效果

【提示】

（1）新建图像文件 640 像素 × 480 像素，然后打开图 5-21（a）、（b）、（c）、（d）四幅图像。

（2）选中"工厂排烟"图像窗口。按"Ctrl+A"组合键全选。"Ctrl+C"复制，选择新图像窗口，按"Ctrl+V"组合键粘贴，将选区内的图像复制并粘贴到新图像中。使用"缩放"命令调整图像大小至充满整个窗口。

（3）选中"PM2.5"图像窗口。使用"钢笔工具"创建人像选区，然后复制到新图像窗口中，并调整图像大小。

（4）选中"龟裂土地"图像窗口。使用"套索工具"将部分土地图像复制到新图像窗口中。

（5）选中"联合国国旗"图像窗口。使用"椭圆选框工具"，羽化值为 30px，选中图像，将国旗复制到新图像窗口中，并调整图像大小。

（6）使用"文本工具"，添加文字"爱护环境 人人有责"并进行修饰。调整图像的大小与位置。此时的图像如图 5-22 所示。

（7）选中"图层 2"。单击"添加图层蒙版"按

图 5-22　图像组合

钮，给"图层 2"添加一个蒙版。

（8）设置前景色为黑色，背景色为白色。选择"画笔工具"，单击按下其选项栏中的"喷枪"按钮，设置画笔为柔化的 65 个像素。然后在两幅图像交界处拖动鼠标，最后效果如图 5-21（e）所示。

（9）同样的方法，给图层 3、图层 4"添加图层蒙版"，在两幅图像交界处拖动鼠标，使用画笔工具修饰蒙版，最后效果如图 5-21（e）所示。它的"图层"调板如图 5-23 所示。

4. 商标图像设计。

利用多图层、路径、钢笔工具，设计"苹果"logo，如图 5-24 所示。

图 5-23　图层面板

图 5-24　商标效果

【知识要点】
- 使用钢笔工具或者自由钢笔工具作图。
- 路径、选区。
- 图层的操作。

【提示】

（1）新建文件。新建文件并设置参数，宽度像素和高度像素均为 1000。

（2）创建多图层。在"图层面板"建立 6 张图层。在不同图层，分别建立大小不同的选区，并填充不同的颜色（利用"Alt+Delete"组合键），如图 5-25、图 5-26 所示。

图 5-25　图层面板

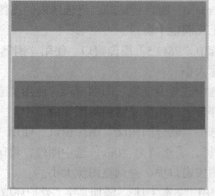
图 5-26　各图层选区

（3）盖印图层。按住"Ctrl+Shift+Alt+E"组合键（盖印图层）得到"图层 7"。在"图层 7"上方新建"图层 8"，并填充白色，如图 5-27 所示。

（4）利用钢笔绘制选区。切换到"路径面板"，新建路径，并用钢笔绘制 logo，如图 5-28、图 5-29 所示。

（5）载入选区。单击"将路径作为选区载入"按钮，并按住组合键 Shift+Ctrl+I（反向选择），如图 5-30 所示。

图 5-27　盖印图层（图层 7）

图 5-28　路径

（6）删除选区以外的像素。回到图层面板，将"图层 7"移到"图层 8"之上，按 Delete 键，并回车，如图 5-24 所示。

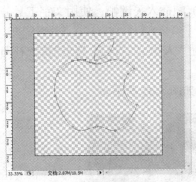

图 5-29　钢笔绘制苹果

图 5-30　载入选区

实验四　Flash 动画制作基础

一、实验目的

1. 掌握 Flash 动画制作的方法。
2. 熟悉各种工具的使用方法。

二、实验内容

1. 制作公益广告，"遵守交通规则，勿闯红灯！"。创意为：背景为交通路口，人行道两侧分别有人要经过，红灯亮 30 秒后，绿灯亮起，两人经过，如图 5-31 所示。

【知识要点】

- 设置背景图像，文字工具设置标题。
- 逐帧动画。
- 动作补间动画。
- 元件。

【提示】

（1）创建 flash 文档并设置文件大小，帧频：5。

（2）创建背景图层。执行"文件|导入|导入到舞台"命令，导入背景图片到场景中。用"选择工具"调整图片在舞台上的位置，使其居于舞台的中央。如果图片大小不合适，选择"任意变形工具"调整图片大小。选择第 60 帧，按 F5 键，添加普通帧。

（3）插入 5 个图层，分别命名为"红绿灯"、"文字"、"数字"、"人物 1"和"人物 2"。各图层状态如图 5-32 所示。

（4）创建元件。导入人物图片到场景中，单击鼠标右键，将其转换为图形元件，命名为"人物 1"。采用同样的方法，制作"人物 2"元件。使用"椭圆工具"创建"红灯"和"绿灯"元件。

（5）"红绿灯"图层：在 1 和 60 帧处插入"关键帧"，放置"红灯元件"；在 30 帧处插入"关键帧"，放置"绿灯元件"。

（6）"文字"图层：使用文字工具，制作"遵守交通规则，勿闯红灯!"，无动画。

（7）"数字"图层：设置逐帧动画效果。在 1～30 帧插入关键帧，使用文字工具分别写数字 30、29、28、…、2、1，模仿交通灯倒计时。

（8）"人物 1"图层：分别在 30 帧和 60 帧处放置"人物 1"，设置"创建传统补间"。

（9）"人物 2"图层：步骤同（8）。

红灯亮为初始状态，如图 5-31 所示。各图层状态如图 5-32 所示。

图 5-31　公益广告动画

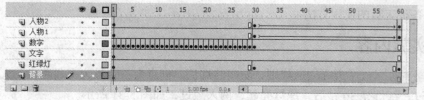

图 5-32　各图层及帧状态

2. 形状补间动画：文字变形。创意：利用图片和文字变形制作网站主页面动画，文字由大变小。

【知识要点】

- 设置背景图像。
- 形状补间动画。
- 要想创建文字变形效果，必须将文字"修改|分离"两次。

【提示】

（1）创建 flash 文档并设置文件大小。

（2）创建背景图层。导入背景图片到场景中。选择第 60 帧，按 F5 键，添加普通帧。

（3）插入两个图层，分别命名为"文字 1"、"文字 2"。

（4）"文字 1"图层：使用文字工具，制作"大学至善"文字变形效果。

（5）"文字 2"图层：使用文字工具，制作"大医精诚"文字变形效果。

设计效果如图 5-33 所示。各图层状态如图 5-34 所示。

图 5-33　文字变形动画

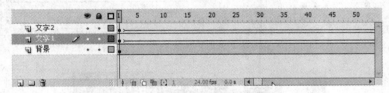

图 5-34　变形动画各图层及帧状态

3. 动作补间加引导线动画。创意：在绿草地上，龟兔赛跑。兔子快速跳跃，小乌龟缓慢移动，最终谁会赢呢？由你来决定。

【知识要点】

- 动作补间动画。
- 引导线动画。
- 元件的使用。
- 铅笔工具或钢笔工具绘制线条。
- 文字工具。

【提示】

（1）创建 flash 文档并设置文件大小：650 像素 × 500 像素，背景色为白色，帧频为 12。

（2）创建背景图层。导入背景图片到场景中。选择第 60 帧，按 F5 键，添加普通帧。

（3）插入两个图层，分别命名为"龟"和"兔"。

（4）创建元件。导入小龟图片到场景中，调整大小后，单击鼠标右键，将其转换为图形元件，命名为"龟"。采用同样的方法，制作"兔"元件。

（5）选择"龟"图层，选择第 1 帧，从库中拖出"龟"放置在左侧。选择第 60 帧，按 F6 键，插入关键帧，将"龟"放置在右侧，设置"创建传统补间"。同样，选择"兔"图层，制作"兔"

的运动效果。

（6）添加运动引导线。在"兔"图层单击鼠标右键，选择"添加传统运动引导层"，在引导层上，用铅笔工具绘制波浪线；同样的方法，选择"龟"图层，绘制直线。

（7）将元件的控制点移到运动引导线上。

设计效果如图 5-35 所示。各图层状态如图 5-36 所示。龟兔赛跑动画效果如图 5-37 所示。

图 5-35　龟兔赛跑动画设计

图 5-36　龟兔赛跑动画各图层及帧状态

图 5-37　龟兔赛跑动画效果

4．遮罩动画。创意："高山流水觅知音"，观看一幅知音图、吟诵一首诗词、欣赏一首音乐，是多么美妙的画面。其中：诗词缓缓出现，要求使用遮罩动画效果。

【知识要点】

- 设置背景图像。
- 遮罩动画。
- 音乐合成。
- 矩形工具或椭圆。

【提示】

（1）创建 flash 文档并设置文件大小为 650 像素×500 像素，背景色为白色，帧频为 12。

（2）创建背景图层。导入背景图片到场景中。选择第 60 帧，按 F5 键，添加普通帧。将该图层命名为"知音图"。

（3）插入两个图层，分别命名为"诗词"和"遮罩"。

（4）选择"诗词"图层，使用文字工具输入一首诗，纵向由右向左书写。选择第 60 帧，按 F5 键，插入普通帧。

（5）选择"遮罩"图层，使用矩形工具或者椭圆工具创建元件，设置运动动画效果。运动的范围是，在诗词上缓缓移动，仿佛诗词徐徐写出一样。元件可以运动，也可以使用"任意变形工具"改变大小。然后，在该图层单击鼠标右键，选择"遮罩层"，使该图层由普通层变为遮罩层。

（6）选择"知音图"图层，导入 mp3 音乐文件"知音.mp3"，在属性面板中设置音乐效果。

设计效果如图 5-38 所示。各图层状态如图 5-39 所示。遮罩效果如图 5-40 所示。

图 5-38　高山流水觅知音画面设计

图 5-39　遮罩动画各图层及帧状态

图 5-40　高山流水觅知音遮罩动画效果

习 题 部 分

第 1 章
计算机基础习题

一、选择题

1. 世界上第一台电子计算机 ENIAC 诞生于_____年。

   A. 1939
   B. 1946
   C. 1952
   D. 1958

2. 计算机科学的奠基人是_____。

   A. 查尔斯·巴贝奇
   B. 图灵
   C. 阿塔诺索夫
   D. 冯·诺依曼

3. 微机内存容量的基本单位是_____。

   A. 字符
   B. 字节
   C. 二进制位
   D. 扇区

4. 1946 年，美籍匈牙利数学家冯·诺依曼提出了著名的_____计算机工作原理。

   A. 存储程序
   B. 程序控制
   C. 代数运算
   D. 逻辑运算

5. 微型计算机发展的主要依据是_____的发展。

   A. 外设
   B. 主机
   C. 微处理器（CPU）
   D. 运算器

6. 第四代计算机采用_____作为主要逻辑元器件。

   A. 电子管
   B. 晶体管
   C. 中小规模集成电路
   D. 大规模和超大规模集成电路

7. 通常所说的 PC 指的是_____。

   A. 巨型计算机
   B. 中型计算机
   C. 小型计算机
   D. 微型计算机

8. 计算机广泛应用在社会各个领域，根据用途不同，分为_____和通用机两类。

   A. 专用机
   B. 服务器
   C. 客户机
   D. 同位体机

9. 计算机中的一切信息的存储、处理和传输都是采用_____。

   A. 二进制
   B. 八进制
   C. 十进制
   D. 十六进制

10. 在计算机的存储器中，数据存储的最小单位是_____。

    A. 位
    B. 字节

C. 字 D. 字长

11. 计算机系统中，关于"byte"的说法，下列_____是正确的。
    A. 数据的最小单位，即二进制数的 1 位
    B. 基本存储单位，对应 8 位二进制位
    C. 基本运算单位，对应 8 位二进制位
    D. 基本运算单位，二进制位数不固定

12. 在下面计算机存储器存储容量单位中，_____表示的单位最大。
    A. MB B. TB
    C. GB D. KB

13. 依据冯·诺依曼原理，计算机硬件系统由_____部分组成。
    A. 主机、显示器、键盘、鼠标、音箱
    B. 主板、CPU、硬盘、软盘和显示器
    C. 运算器、控制器、存储器、输入设备和输出设备
    D. CPU、硬盘、显示器、键盘

14. 计算机硬件部分的核心是_____。
    A. CPU B. 内存
    C. 外存 D. 输入输出设备

15. 计算机的运算器主要提供算术运算和_____。
    A. 乘除运算 B. 加减运算
    C. 逻辑运算 D. 数值运算

16. 一个完整的计算机系统是由_____组成的。
    A. 硬件系统和软件系统 B. 主机和外设
    C. 系统软件和应用软件 D. CPU 和内存储器

17. 在下列存储器中，_____的存储容量相对最大。
    A. 内存 B. U 盘
    C. 硬盘 D. 光盘

18. 计算机断电后，信息将会全部丢失的存储器是_____。
    A. 硬盘 B. ROM
    C. RAM D. 光盘

19. 内存与外存相比较具有_____的特点。
    A. 存储容量大 B. 存取速度快
    C. 价格低 D. 信息可以长期保存

20. 计算机唯一能够识别并直接执行的语言是_____。
    A. 汇编语言 B. 高级语言
    C. C 语言 D. 机器语言

21. CPU 一次能够处理的二进制位数称为 CPU 的_____。
    A. 主频 B. 型号
    C. 字长 D. 运算速度

22. 根据计算机的_____，电子计算机的发展可划分为四代。
    A. 体积 B. 主要逻辑元器件

C. 运行速度

D. 应用范围

23. 计算机的发展非常迅速，目前主要朝着巨型化、微型化、智能化和_____方向发展。

A. 多媒体化

B. 网络化

C. 远程化

D. 量子化

24. 计算机辅助教学的英文缩写为_____。

A. CAD

B. CAM

C. CAI

D. CAT

25. 在计算机应用领域，财务管理、图书资料检索属于下列哪个领域_____。

A. 科学计算

B. 自动控制

C. 人工智能

D. 信息处理

26. 以下存储容量的换算关系中，_____是正确的。

A. 1byte=1024bit

B. 1MB=1024byte

C. 1GB=1024MB

D. 1KB=8byte

27. 目前国际上最为流行的西文字符信息编码方案是_____。

A. 原码

B. 补码

C. 反码

D. ASCII 码

28. 微型计算机中的 CPU 是由_____组成的。

A. 内存和外存

B. 控制器和内存

C. 运算器和控制器

D. 运算器和寄存器

29. 计算机最早的应用领域是_____。

A. 科学计算

B. 数据处理

C. 过程控制

D. CAD/CAM/CIMS

30. 计算机的 CPU 每执行一个_____，就完成一个基本运算或判断。

A. 语句

B. 指令

C. 程序

D. 软件

31. 汉字系统中的汉字字库里存放的是汉字的_____。

A. 机内码

B. 输入码

C. 字型码

D. 国标码

32. 在微型计算机的总线中单向传送信息的是_____。

A. 数据总线

B. 地址总线

C. 控制总线

D. 混合总线

33. A/D 转换的功能是_____。

A. 模拟量转换为数字量

B. 数字量转换为模拟量

C. 声音转换为模拟量

D. 数字量和模拟量的混合处理

34. 微型计算机采用总线结构_____。

A. 提高了 CPU 访问外设的速度

B. 可以简化系统结构，易于系统扩展

C. 提高了系统成本

D. 使信号线的数量增加

35. 世界上第一台微型计算机是_____位计算机。

A. 4

B. 8

C. 16

D. 32

36. 计算机的存储器应包括_____。
    A. 软盘、硬盘
    B. 磁盘、磁带、光盘
    C. 内存储器、外存储器
    D. RAM、ROM

37. 以下软件中，_____不是操作系统软件。
    A. Windows 8
    B. Unix
    C. Linux
    D. Microsoft Office

38. 用一个字节最多能编出_____不同的码。
    A. 8
    B. 16
    C. 128
    D. 256

39. 任何程序都必须加载到_____中才能被 CPU 执行。
    A. 磁盘
    B. 硬盘
    C. 内存
    D. 外存

40. 下列设备中，属于输出设备的是_____。
    A. 键盘
    B. 显示器
    C. 鼠标
    D. 手字板

41. 计算机信息计量单位中的 K 代表_____。
    A. 1024
    B. 210
    C. 105
    D. 19

42. 在描述信息传输中 bit/s 表示的是_____。
    A. 每秒传输的字节数
    B. 每秒传输的指令数
    C. 每秒传输的字数
    D. 每秒传输的位数

43. 十进制数 27 对应的二进制数为_____。
    A. 1011
    B. 1100
    C. 10111
    D. 11011

44. 二进制数 1011 对应的十进制数为_____。
    A. 9
    B. 10
    C. 11
    D. 12

45. 十进制数 0.25 对应的二进制数为_____。
    A. .1
    B. .01
    C. .11
    D. .10

46. 二进制数 110101 对应的八进制数为_____。
    A. 64
    B. 65
    C. 66
    D. 67

47. 二进制数 111101 对应的十六进制数为_____。
    A. 75
    B. 6D
    C. 3D
    D. 3C

48. 下列字符中，ASCII 码值最大的一种是_____。
    A. k
    B. b
    C. P
    D. M

49. 32 位微处理器中的 32 表示的技术指标是_____。

  A．字节   B．容量

  C．字长   D．二进制位

50．CGA、EGA、VGA 标志着_____的不同规格和性能。

  A．显示器适配器   B．存储器

  C．打印机   D．磁盘

二、填空题

1．以"存储程序"的概念为基础的各类计算机统称为_____。

2．第一代电子计算机采用的物理器件是_____。

3．超大规模集成电路的英文简称是_____。

4．未来计算机将朝着微型化、巨型化、_____和智能化方向发展。

5．计算机辅助设计的英文全称是_____。

6．计算机由 5 个部分组成，分别是_____、_____、_____、_____和输出设备。

7．运算器是执行_____和_____运算的部件。

8．CPU 通过_____与外部设备交换信息。

9．没有软件的计算机称为_____。

10．通常一条指令由_____和_____组成。

11．将十进制整数转换为 R 进制数的方法是_____。

12．将十进制小数转换为 R 进制数的方法是_____。

13．随机存储器简称为_____。

14．Cache 是介于_____之间的一种高速存取信息的芯片。

15．根据在总线内传输信息的性质，总线可分为_____、_____和_____。

三、参考答案

（一）选择题答案

1. B	2. B	3. B	4. A	5. C	6. D	7. D	8. A	9. A
10. A	11. B	12. B	13. C	14. A	15. C	16. A	17.C	18. C
19. B	20. D	21. C	22. A	23. B	24. C	25. D	26. C	27. D
28. C	29. A	30. B	31. C	32. B	33. A	34. B	35. A	36. C
37. D	38. D	39. C	40. B	41. A	42. D	43. D	44. C	45. B
46. B	47. C	48. A	49. C	50. A				

（二）填空题答案

1．冯·诺依曼计算机   2．电子管

3．VLSI   4．网络化

5．Computer Aided Design   6．运算器、控制器、存储器、输入设备

7．算数、逻辑   8．内存

9．裸机   10．操作码、操作数

11．不断除以 R 取余   12．不断乘以 R 取整

13．RAM   14．CPU 和内存

15．数据总线、地址总线、控制总线

第 2 章
Windows 操作系统习题

一、选择题

1. Windows 操作系统是_____。
   A. 单用户单任务系统
   B. 单用户多任务系统
   C. 多用户多任务系统
   D. 多用户单任务系统

2. 为了正常退出 Windows，用户的操作是_____。
   A. 在任何时刻关掉计算机的电源
   B. 选择系统菜单中的"关闭系统"并进行人机对话
   C. 在没有任何程序正在执行的情况下关掉计算机的电源
   D. 在没有任何程序正在执行的情况下按 Alt + Ctrl + Del 组合键

3. 在 Windows 环境中，整个显示屏幕称为_____。
   A. 窗口
   B. 桌面
   C. 图标
   D. 资源管理器

4. 在 Windows 环境中，鼠标是重要的输入工具，而键盘_____。
   A. 无法起作用
   B. 仅能配合鼠标，在输入中起辅助作用（如输入字符）
   C. 也能完成几乎所有操作
   D. 仅能在菜单操作中运用，不能在窗口中操作

5. 在下拉菜单里的各个操作命令项中，有一类被选中执行时会弹出子菜单，这类命令项的特点是_____。
   A. 命令项的右面标有一个实心三角
   B. 命令项的右面标有省略号（…）
   C. 命令项本身以浅灰色显示
   D. 命令项位于 一条横线以上

6. 在 Windows 的"桌面"上，用鼠标单击左下角的"开始"按钮，将_____。
   A. 执行开始程序
   B. 执行一个程序，程序名称在弹出的对话框中指定
   C. 打开 一个窗口
   D. 弹出包含使用 Windows 所需全部命令的"系统"菜单

7. 用键盘打开系统菜单，需要_____。
   A. 同时按下 Ctrl 和 Esc 键
   B. 同时按下 Ctrl 和 Z 键
   C. 同时按下 Ctrl 和空格键
   D. 同时按下 Ctrl 和 Shift 键

8. 在 Windows 环境中，屏幕上可以同时打开若干个窗口，它们的排列方式是_____。

    A. 既可以平铺也可以层叠，由用户选择

    B. 只能由系统决定，用户无法改变

    C. 只能平铺

    D. 只能层叠

9. 在 Windows 环境下_____。

    A. 不能再进入 DOS 方式工作

    B. 能再进入 DOS 方式工作，并能再返回 Windows 方式

    C. 能再进入 DOS 方式工作，但不能再返回 Windows 方式

    D. 能再进入 DOS 方式工作，但必须先退出 Windows 方式

10. Windows 的文件夹组织结构是一种_____。

    A. 表格结构   B. 树形结构

    C. 网状结构   D. 线性结构

11. Windows 启动后，正确关机的操作命令是_____。

    A. 关电源   B. Alt + Ctrl + Del

    C. "开始" | "关闭计算机"   D. "开始" | "程序" | "MS-DOS" | "关闭"

12. 用键盘退出 Windows 操作系统，应按_____键。

    A. Esc   B. Alt+F4

    C. Quit   D. F10

13. 在 Windows 中按_____键可得到帮助信息。

    A. F1   B. F2

    C. F3   D. F4

14. Windows 系统下，使用"开始"菜单项"程序"中 MS-DOS 方式进入 DOS 操作，现需返回 Windows，要用_____键操作。

    A. Alt + Q   B. Exit

    C. Ctrl + Q   D. Space

15. Windows 的"开始"菜单包括了 Windows 系统的_____。

    A. 主要功能   B. 全部功能

    C. 部分功能   D. 初始化功能

16. 鼠标是 Windows 环境中一种重要的_____工具。

    A. 画图   B. 指定

    C. 输入   D. 输出

17. 在 Windows 环境中，每个窗口最上面有一个"标题栏"，把鼠标指针指向该处，然后"拖放"，则可以_____。

    A. 变动该窗口上边缘，从而改变窗口大小   B. 移动该窗口

    C. 放大该窗口   D. 缩小该窗口

18. 在 Windows 环境中，用鼠标双击一个窗口左上角的"控制菜单"按钮，可以_____。

    A. 放大该窗口   B. 关闭该窗口

    C. 缩小该窗口   D. 移动该窗口

19. 在"我的电脑"窗口中用鼠标双击"软盘 A:"图标，将会_____。

A. 格式化该软盘　　　　　　　　　　　　B. 把该软盘的内容复制到硬盘

C. 删除该软盘的所有文件　　　　　　　　D. 显示该软盘的内容

20. 为了执行一个应用程序，可以在"资源管理器"窗口内，用鼠标_____。

A. 左键单击一个文档　　　　　　　　　　B. 左键双击一个文档

C. 左键单击相应的可执行程序　　　　　　D. 右键单击相应的可执行程序

21. 在 Windows 环境中，"回收站"是_____。

A. 内存中的一块区域　　　　　　　　　　B. 硬盘上的一块区域

C. 软盘上的一块区域　　　　　　　　　　D. 高速缓存中的一块区域

22. "剪贴板"是_____。

A. 一个应用程序　　　　　　　　　　　　B. 磁盘上的一个文件

C. 内存中的一块区域　　　　　　　　　　D. 一个专用文档

23. 对话框允许用户_____。

A. 最大化　　　　　　　　　　　　　　　B. 最小化

C. 移动其位置　　　　　　　　　　　　　D. 改变其大小

24. 用户打算把文档中已经选取的一段内容移动到其他位置上，应当先执行"编辑"菜单里的_____命令。

A. 复制　　　　　　　　　　　　　　　　B.   剪贴

C. 粘贴　　　　　　　　　　　　　　　　D. 清除

25. Windows 中的"任务栏"上存放的是_____。

A. 系统正在运行的所有程序　　　　　　　B. 系统中保存的所有程序

C. 系统前台运行的程序　　　　　　　　　D. 系统后台运行的程序

26. 在"任务栏"中的任何一个按钮都代表着_____。

A. 一个可执行程序　　　　　　　　　　　B. 一个正在执行的程序

C. 一个缩小的程序窗口　　　　　　　　　D. 一个不工作的程序窗口

27. 当一个文档窗口被关闭后，该文档将_____。

A. 保存在外存中　　　　　　　　　　　　B. 保存在内存中

C. 保存在剪贴板中　　　　　　　　　　　D. 既保存在外存也保存在内存中

28. 在 Windows 中用于显示正在运行程序的栏称为_____。

A. 菜单栏　　　　　　　　　　　　　　　B. 工具栏

C. 任务栏　　　　　　　　　　　　　　　D. 状态栏

29. 在 Windows 资源管理器中，要恢复误删除的文件，最简单的方法是单击_____按钮。

A. 剪贴　　　　　　　　　　　　　　　　B. 复制

C. 粘贴　　　　　　　　　　　　　　　　D. 撤消

30. 在某个文档窗口中已进行了多次剪切操作，当关闭了该文档窗口后，剪贴板中的内容为_____。

A. 第一次剪切的内容　　　　　　　　　　B. 最后一次剪切的内容

C. 所有剪切的内容　　　　　　　　　　　D. 空白

31. 下列有关剪贴板的操作，哪一个是"移动"操作？

A. 拷贝 – 粘贴　　　　　　　　　　　　　B. 剪贴 – 粘贴

C. 剪贴 – 拷贝　　　　　　　　　　　　　D. 拷贝 – 剪贴

32. 在 Windows 中，下列_____操作可运行一个应用程序。

A. 用"开始"菜单中的"文档"命令　　　　B. 用鼠标右键单击该应用程序名

C. 用鼠标左键双击该应用程序名　　　　D. 用"开始"菜单中的"程序"命令

33. 下列操作中，_____ 不能运行一个应用程序。

A. 用"开始"菜单中的"运行"命令　　　B. 用鼠标左键双击查找到的文件名

C. 用"开始"菜单中的"文档"　　　　　D. 用鼠标单击"任务栏"中该程序的图标

34. 当选择好文件夹后，下列操作中，_____ 不能删除文件夹。

A. 在键盘上按 Del 键盘

B. 用鼠标右键单击该文件夹，打开快捷键菜单，然后选择"删除"命令

C. 在"文件"菜单中选择"删除"命令

D. 用鼠标左键双击该文件夹

35. 在"我的电脑"或"资源管理器"窗口中改变一个文件夹或文件的名称，可以采用的方法是，先选取该文件夹或文件，再用鼠标左键_____。

A. 单击该文件夹或文件的名称　　　　　B. 单击该文件夹或文件的图标

C. 双击该文件夹或文件的名称　　　　　D. 双击该文件夹或文件的图标

36. 在 Windows "开始"菜单中的"查找"命令中，能否使用"？"和"*"，_____。

A. 能　　　　　　　　　　　　　　　　B. 不能

C. 只能使用"？"　　　　　　　　　　　D. 只能使用"*"

37. 在窗口中按_____组合键可以打开菜单上的"查找"。

A. Alt + F　　　　　　　　　　　　　　B. Ctr + E

C. Ctr + F　　　　　　　　　　　　　　D. Alt + H

38. 一个文件路径名为：C:\groupa\textl\293.txt，其中 text l 是一个_____。

A. 文件夹　　　　　　　　　　　　　　B. 根文件夹

C. 文件　　　　　　　　　　　　　　　D. 文本文件

39. 用鼠标器来复制所选定的文件，除拖动鼠标外，一般还需同时按_____键。

A. Ctrl　　　　　　　　　　　　　　　B. Alt

C. Tab　　　　　　　　　　　　　　　D. Shift

40. Windows 可以使用长文件名保存文件，以下哪个字符不允许出现在长文件名中？_____

A. Space　　　　　　　　　　　　　　B. .

C. *　　　　　　　　　　　　　　　　D. %

41. Windows 可支持长达_____字符的文件名。

A. 8个　　　　　B. 10个　　　　　C. 64个　　　　　D. 255个

42. Windows 中文件扩展名的长度为_____。

A. 1个　　　　　B. 2个　　　　　C. 3个　　　　　D. 4个

43. 在 Windows 中可按 Alt +_____组合键可以在多个已打开的程序窗口中进行切换。

A. Enter　　　　　　　　　　　　　　B. 空格键

C. Insert　　　　　　　　　　　　　　D. Tab

44. 可以通过 Windows "开始"菜单中的_____启动应用程序。

A. 文件　　　　　　　　　　　　　　　B. 运行

C. 设置　　　　　　　　　　　　　　　D. 帮助

45. 在窗口中显示窗口名称的是_____。

A. 状态栏
B. 标题栏
C. 工具栏
D. 控制菜单框

46. 在菜单项中带括号的字母表示可按（　　）键加此字母快速选中。
A. Alt
B. Ctrl
C. Shift
D. Esc

47. 窗口的移动可通过鼠标选取_____后按住左键不放，至任意处放开来实现。
A. 标题栏
B. 工具栏
C. 状态栏
D. 菜单栏

48. 单击已打开的应用程序窗口右上角的"最小化"按钮，窗口将_____。
A. 退出运行
B. 以按钮形式显示在任务栏上
C. 将以图标形式显示在桌面上
D. 以上都不对

49. 关闭正在打开的窗口可通过_____。
A. 标题栏
B. 控制菜单框
C. 状态栏
D. 工具栏

50. 在 Windows 桌面上不能打开"我的电脑"的操作是_____。
A. 在"资源管理器"中选取
B. 用鼠标左键双击"我的电脑"图标
C. 用鼠标右键单击"我的电脑"图标，然后在弹出的快捷菜单中选择"打开"
D. 用鼠标左键单击"开始"，然后在系统菜单中选取

51. "控制面板"中的图标可以_____。
A. 删除
B. 移动
C. 复制快捷图标
D. 拷贝

52. 在 Windows 中通过"控制面板"中的_____调整显示器的垂直刷新率。
A. 系统
B. 辅助选项
C. 显示器
D. 添加新硬件

53. Windows 应用程序正在打印输出，如果需要中断打印工作应如何正确操作？_____
A. 关打印机电源
B. 关主机电源
C. Ctrl + Alt + Del
D. 用打印管理器

54. 用"打印机"打印文档可打印一批文件，但可同时打印_____文件。
A. 2个
B. 3个
C. 多个
D. 只有一个

55. 打印机打印文档时不提供_____型号的纸张类型。
A. A3
B. A4
C. 16开
D. A2

56. 在"打印机"窗口中有一正被打印的文档，选择"文档"菜单项中的_____项可暂停打印。
A. 取消
B. 暂停
C. 查看
D. 删除

57. 安装新的中文输入方法的操作在_____窗口中进行。
A. 我的电脑
B. 资源管理器
C. 文字处理程序
D. 控制面板

58. 在输入中文时，下列的_____操作不能进行中英文切换。
    A. 用鼠标左键单击中英文切换按钮　　B. 用 Ctrl+空格键
    C. 用语言指示器菜单　　　　　　　　D. 用 Shift+空格键
59. 在 Windows 系统下，想输入中文标点符号如"《"，"……"等，可用_____键切换。
    A. Ctrl+.　　　　　　　　　　　　　B. Ctrl+;
    C. Alt+.　　　　　　　　　　　　　 D. Alt + ;
60. 选用中文输入法后，可以用_____组合键实现全角和半角的切换。
    A. 按 Caps Lock 键　　　　　　　　 B. Ctrl+.
    C. Shift+空格键　　　　　　　　　　D. Ctrl + 空格键
61. 可以用来在已安装的汉字输入法中进行切换选择的键盘操作是_____。
    A. Ctrl+空格键　　　　　　　　　　 B. Ctrl+Shift
    C. Shift + 空格键　　　　　　　　　 D. Ctrl+.

二、填空题

1. 在 Windows 系统中，为了在系统启动成功后自动执行某个程序，应该将该程序文件添加到_____文件夹中。
2. 用鼠标右键单击输入法状态窗口中的_____按钮，即可弹出所有软键盘菜单。
3. 在 Windows 中，"回收站"是_____中的一块区域。
4. Windows 中的菜单有 3 类，它们是下拉式菜单、控制菜单和_____。
5. 为了更改"我的电脑"或"Windows 资源管理器"窗口文件夹和文件的显示形式，应当在窗口的_____菜单中选择指定。
6. 在 Windows 中，如果要把整幅屏内容复制到剪贴板中，可按_____键。
7. 在 Windows 中，切换到 MS–DOS 方式后，返回 Windows 的命令是_____。
8. 在"我的电脑"窗口中用鼠标双击"磁盘 C"图标，将会_____。

三、参考答案

（一）选择题答案

1. B　 2. B　 3. B　 4. C　 5. B　 6. D　 7. A　 8. A　 9. B
10. B　11. C　12. B　13. A　14. B　15. C　16. B　17. B　18. B
19. D　20. B　21. B　22. C　23. C　24. B　25. A　26. B　27. A
28. C　29. D　30. B　31. B　32. C　33. D　34. B　35. A　36. A
37. C　38. A　39. A　40. C　41. D　42. C　43. D　44. B　45. B
46. A　47. A　48. B　49. B　50. C　51. C　52. C　53. D　54. D
55. D　56. B　57. D　58. D　59. A　60. B　61. B

（二）填空题答案

1. 启动　　　　　　　　　2. 软键盘
3. 硬盘　　　　　　　　　4. 弹出式菜单
5. 查看　　　　　　　　　6. PrintScreen
7. EXIT　　　　　　　　　8. 显示该盘内容

第3章
Office 2010 办公软件习题

一、选择题

1. 在 Word 2010 中使用标尺可以直接设置段落缩进，标尺顶部的三角形标记代表_____。

    A. 首行缩进
    B. 悬挂缩进
    C. 左缩进
    D. 右缩进

2. 当一页内容已满，而文档文字仍然继续被输入，Word 将插入_____。

    A. 硬分页符
    B. 硬分节符
    C. 软分页符
    D. 软分节符

3. 下列不属于"行号"编号方式的是_____。

    A. 每页重新编号
    B. 每段重新编号
    C. 每节重新编号
    D. 连续编号

4. 下列叙述不正确的是：_____。

    A. 删除自定义样式，Word 将从模板中取消该样式
    B. 删除内建的样式，Word 将保留该样式的定义，样式并没有真正删除
    C. 内建的样式中"正文、标题"是不能删除的
    D. 一个样式删除后，Word 将对文档中的原来使用的样式的段落文本一并删除

5. 在 Word 2010 中，"分节符"位于_____选项下。

    A. 开始
    B. 插入
    C. 页面布局
    D. 视图

6. 在编辑表格的过程中，如何在改变表格中某列宽度的时候，不影响其他列的宽度_____。

    A. 直接拖动某列的右边线
    B. 直接拖动某列的左边线
    C. 拖动某列右边线的同时，按住 Shift 键
    D. 拖动某列右边线的同时，按住 Ctrl 键

7. 以下关于 Word 2010 页面布局的功能，说法错误的是_____。

    A. 页面布局功能可以为文档设置特定主题效果
    B. 页面布局功能可以设置文档分隔符
    C. 页面布局功能可以设置稿纸效果
    D. 页面布局功能不能设置段落的缩进与间距

8. 在某行下方快速插入一行最简便的方法是将光标置于此行最后一个单元格的右边，按 _____ 键。

    A. Ctrl   B. Shift

    C. Alt   D. 回车

9. 格式刷的作用是用来快速复制格式，其操作技巧是 _____。

    A. 单击可以连续使用

    B. 双击可以使用一次

    C. 双击可以连续使用

    D. 右击可以连续使用

10. 在 Word 中提供了单倍、多倍、固定行距等 _____ 种行间距选择。

    A. 5   B. 6

    C. 7   D. 8

11. 下列哪项不属于 Word 2010 的文本效果 _____。

    A. 轮廓   B. 阴影

    C. 发光   D. 三维

12. 以下关于 Word 2010 的主文档说法正确的是 _____。

    A. 当打开多篇文档，子文档可再拆分

    B. 对长文档可再拆分

    C. 对长文档进行有效的组织和维护

    D. 创建子文档时必须在主控文档视图中

13. 在 Word 2010 中，想打印 1、3、8、9、10 页，应在"打印范围"中输入 _____。

    A. 1,3,8-10   B. 1、3、8-10

    C. 1-3-8-10   D. 1、3、8、9、10

14. 在 Word 2010 中，要想对文档进行翻译，需执行以下哪项操作，_____。

    A. "审阅"标签下"语言"功能区的"语言"按钮

    B. "审阅"标签下"语言"功能区的"英语助手"按钮

    C. "审阅"标签下"语言"功能区的"翻译"按钮

    D. "审阅"标签下"校对"功能区的"信息检索"按钮

15. Word 2010 所认为的字符不包括 _____。

    A. 汉字   B. 数字

    C. 特殊字符   D. 图片

16. 在 Word 中，每个段落的段落标记在 _____。

    A. 段落中无法看到   B. 段落的结尾处

    C. 段落的中部   D. 段落的开始处

17. 在 Word 2010 中，若要检查文件中的拼写和语法错误，可以执行下列哪个功能键 _____。

    A. F4   B. F5

    C. F6   D. F7

18. Word 2010 文档的类型是 _____。

    A. doc   B. docs

C.　docx　　　　　　　　　　　D.　dot

19.　在 Word 2010 中，1.5 倍行距的快捷键是＿＿＿＿＿。

A.　Ctrl+1　　　　　　　　　　B.　Ctrl+2

C.　Ctrl+3　　　　　　　　　　D.　Ctrl+5

20.　Word 表格功能相当强大，当把插入点放在表的最后一行的最后一个单元格时，按 Tab 键，将＿＿＿＿＿。

A.　在同一单元格里建立一个文本新行

B.　产生一个新列

C.　产生一个新行

D.　插入点移到第一行的第一个单元格

21.　以下关于 Word 2010 和 Word 2003 文档说法正确的是＿＿＿＿＿。

A.　Word 2003 程序兼容 Word 2010 文档

B.　Word 2010 程序兼容 Word 2003 文档

C.　Word 2010 文档与 Word 2003 文档类型完全相同

D.　Word 2010 文档与 Word 2003 文档互不兼容

22.　在 Word 2010 中，回车的同时按住＿＿＿＿＿键可以不产生新的段落。

A.　Ctrl　　　　　　　　　　　B.　Shift

C.　Alt　　　　　　　　　　　 D.　空格键

23.　在 Word 中若某一段落的行距如果不特别设置，则由 Word 根据该字符的大小自动调整，此行距称为＿＿＿＿＿行距。

A.　1.5 倍行距　　　　　　　　B.　单倍行距

C.　固定值　　　　　　　　　　D.　最小值

24.　以下关于 Word 2010 查找功能的"导航"侧边栏，说法错误的是＿＿＿＿＿。

A.　单击"编辑"功能区的"查找"按钮可以打开"导航"侧边栏

B.　"查找"默认情况下，对字母区分大小写

C.　在"导航"侧边栏中输入"查找：表格"，即可实现对文档中表格的查找

D.　"导航"侧边栏显示查找内容有三种显示方式，分别是"浏览您文档中的标题"、"浏览您文档中的页面"、"浏览您当前搜索的结果"

25.　Word 中插入图片的默认版式为＿＿＿＿＿。

A.　嵌入型　　　　　　　　　　B.　紧密型

C.　浮于文字上方　　　　　　　D.　四周型

26.　Office 办公软件，是哪一个公司开发的软件＿＿＿＿＿。

A.　WPS　　　　　　　　　　　B.　Microsoft

C.　Adobe　　　　　　　　　　D.　IBM

27.　在 Word 2010 中，下面哪个视图方式是默认的视图方式＿＿＿＿＿。

A.　普通视图　　　　　　　　　B.　页面视图

C.　大纲视图　　　　　　　　　D.　Web 版式视图

28.　在选定了整个表格之后，若要删除整个表格中的内容，以下哪个操作正确＿＿＿＿＿。

A.　单击"表格"菜单中的"删除表格"命令

B.　按 Delete 键

C. 按 Space 键

D. 按 Esc 键

29. 艺术字对象实际上是_____。

    A. 文字对象
                B. 图形对象

    C. 链接对象
                D. 既是文字对象，也是图形对象

30. 在 Word 中欲选定文档中的一个矩形区域,应在拖动鼠标前按下列哪个键不放_____。

    A. Ctrl
                B. Alt

    C. Shift
                D. 空格

31. 字号中阿拉伯字号越大，表示字符越_____，中文字号越小，表示字符越____。

    A. 大、小
                B. 小、大

    C. 不变
                D. 大、大

32. Word 2003 中，选定一行文本的技巧方法是_____。

    A. 将鼠标指针置于目标处，单击

    B. 将鼠标指针置于此行的选定栏并出现选定光标单击

    C. 用鼠标在此行的选定栏双击

    D. 用鼠标三击此行

33. 在 Excel 2010 中打开"设置单元格格式"对话框的快捷键是_____组合键。

    A. Ctrl+Shift+E
                B. Ctrl+Shift+F

    C. Ctrl+Shift+G
                D. Ctrl+Shift+H

34. 下列函数，能对数据进行绝对值运算_____。

    A. ABS
                B. ABX

    C. EXP
                D. INT

35. Excel 2010 中，如果给某单元格设置的小数位数为 2，则输入 100 时显示_____。

    A. 100.00
                B. 10000

    C. 1
                D. 1000

36. 给工作表设置背景，可以通过下列哪个选项卡完成_____。

    A. "开始"选项卡
                B. "视图"选项卡

    C. "页面布局"选项卡
                D. "插入"选项卡

37. 以下关于 Excel 2010 的缩放比例，说法正确的是_____。

    A. 最小值 10%，最大值 500%

    B. 最小值 5%，最大值 500%

    C. 最小值 10%，最大值 400%

    D. 最小值 5%，最大值 400%

38. 已知单元格 A1 中存有数值 563.68，若输入函数=INT(A1)，则该函数值为_____。

    A. 563.7
                B. 563.78

    C. 563
                D. 563.8

39. 在 Excel 2010 中，仅把某单元格的批注复制到另外单元格中，方法是_____。

    A. 复制原单元格，到目标单元格执行粘贴命令

    B. 复制原单元格，到目标单元格执行选择性粘贴命令

    C. 使用格式刷

D.　将两个单元格链接起来

40.　在 Excel 2010 中，要在某单元格中输入 1/2，应该输入_____。
　　A.　#1/2
　　B.　0.5
　　C.　0 1/2
　　D.　1/2

41.　在 Excel 2010 中，如果要改变行与行、列与列之间的顺序，应按住_____键不放，结合鼠标进行拖动。
　　A.　Ctrl
　　B.　Shift
　　C.　Alt
　　D.　空格

42.　Excel 2010 中，如果删除的单元格是其他单元格的公式所引用的，这些公式将会显示_____。
　　A.　#####!
　　B.　#REF!
　　C.　#VALUE!
　　D.　#NUM!

43.　关于公式 =Average(A2:C2 B1:B10)和公式=Average(A2:C2,B1:B10)，下列说法正确的是_____。
　　A.　计算结果一样的公式
　　B.　第一个公式写错了，没有这样的写法的
　　C.　第二个公式写错了，没有这样的写法的
　　D.　两个公式都对

44.　在单元格中输入 "=Average(10,-3)-PI()"，则显示_____。
　　A.　大于 0 的
　　B.　小于 0 的值
　　C.　等于 0 的值
　　D.　不确定的值

45.　现 A1 和 B1 中分别有内容 12 和 34，在 C1 中输入公式 "=A1&B1"，则 C1 中的结果是_____。
　　A.　1234
　　B.　12
　　C.　34
　　D.　46

46.　关于 Excel 文件保存，哪种说法错误_____。
　　A.　Excel 文件可以保存为多种类型的文件
　　B.　高版本的 Excel 的工作簿不能保存为低版本的工作簿
　　C.　高版本的 Excel 的工作簿可以打开低版本的工作簿
　　D.　要将本工作簿保存在别处，不能选 "保存"，要选 "另存为"

47.　下面哪种操作可能破坏单元格数据有效性，_____。
　　A.　在该单元格中输入无效数据
　　B.　在该单元格中输入公式
　　C.　复制别的单元格内容到该单元格
　　D.　该单元格本有公式引用别的单元格，别的单元格数据变化后引起有效性被破坏

48.　如果要打印行号和列标，应该通过 "页面设置" 对话框中的_____选项卡进行设置
　　A.　页面
　　B.　页边距
　　C.　页眉/页脚
　　D.　工作表

49.　在 Excel 2010 中，在对某个数据库进行分类汇总之前，必须_____。
　　A.　不应对数据排序
　　B.　使用数据记录单

C. 应对数据库的分类字段进行排序 D. 设置筛选条件

50. 如果公式中出现"#DIV/0!",则表示_____。
    A. 结果为 0   B. 列宽不足
    C. 无此函数   D. 除数为 0

51. 以下哪种情况一定会导致"设置单元格格式"对话框中只有"字体"一个选项卡_____。
    A. 安装了精简版的 Excel
    B. Excel 中毒了
    C. 单元格正处于编辑状态
    D. Excel 运行出错了,重启即可解决

52. 在 Excel,用以下哪项表示比较条件式逻辑"假"的结果,_____。
    A. 0   B. FALSE
    C. 1   D. ERR

53. 在 Excel 单元格中,手动换行的方法是_____。
    A. Ctrl+Enter   B. Alt+Enter
    C. Shift+Enter   D. Ctrl+Shift

54. 若在数值单元格中出现一连串的"###"符号,希望正常显示则需要_____。
    A. 重新输入数据
    B. 调整单元格的宽度
    C. 删除这些符号
    D. 删除该单元格

55. 执行"插入 | 工作表"菜单命令,每次可以插入_____个工作表。
    A. 1   B. 2
    C. 3   D. 4

56. PowerPoint 2010 文档的扩展名为_____。
    A. pptx   B. potx
    C. ppzx   D. ppsx

57. 在 PowerPoint 文档中能添加下列哪些对象_____。
    A. Excel 图表   B. 电影和声音
    C. Flash 动画   D. 以上都对

58. 超级链接只有在下列哪种视图中才能被激活_____。
    A. 幻灯片视图   B. 大纲视图
    C. 幻灯片浏览视图   D. 幻灯片放映视图

59. 在幻灯片浏览视图时,以下_____操作是无法进行的操作。
    A. 插入幻灯片   B. 删除幻灯片
    C. 改变幻灯片的顺序   D. 编辑幻灯片中的占位符的位置

60. 在 PowerPoint 2010 中,从当前幻灯片开始放映的快捷键说法正确的是_____。
    A. F2   B. F5
    C. Shift+F5   D. Ctrl+P

61. 当双击某文件夹内一个 PowerPoint 文档时,就直接启动该 PowerPoint 文档的播放模式,这说明_____。

A. 这是 PowerPoint 2010 的新增功能

B. 在操作系统中进行了某种设置操作

C. 该文档是 ppsx 类型，是属于放映类型文档

D. 以上说法都对

62. 在幻灯片母版设置中，可以起到以下哪方面的作用_____。

A. 统一整套幻灯片的风格　　　　B. 统一标题内容

C. 统一图片内容　　　　　　　　D. 统一页码

63. 在 PowerPoint 2010 中，以下哪一种母版中插入徽标可以使其在每张幻灯片上的位置自动保持相同_____。

A. 讲义母版　　　　　　　　　　B. 幻灯片母版

C. 标题母版　　　　　　　　　　D. 备注母版

64. 在幻灯片视图窗格中，要删除选中的幻灯片，不能实现的操作是_____。

A. 按下键盘上的 Delete 的键

B. 按下键盘上的 BackSpace 键

C. 右键菜单中的"隐藏幻灯片"命令

D. 右键菜单中的"删除幻灯片"命令

65. 在 PowerPoint 2010 中，如果一组幻灯片中的几张暂时不想让观众看见，最好使用什么方法，_____。

A. 隐藏这些幻灯片

B. 删除这些幻灯片

C. 新建一组不含这些幻灯片的演示文稿

D. 自定义放映方式时，取消这些幻灯片

66. 关于 PowerPoint 2010 的母版，以下说法中错误的是_____。

A. 可以自定义幻灯片母版的版式

B. 可以对母版进行主题编辑

C. 可以对母版进行背景设置

D. 在母版中插入图片对象后，在幻灯片中可以根据需要进行编辑

67. 以下说法正确的是_____。

A. 没有标题文字，只有图片或其他对象的幻灯片，在大纲中是不反映出来的

B. 大纲视图窗格是可以用来编辑修改幻灯片中对象的位置

C. 备注页视图中的幻灯片是一张图片，可以被拖动

D. 对应于 4 种视图，PowerPoint 有 4 种母版

68. 下列幻灯片元素中，哪项无法打印输出_____。

A. 幻灯片图片　　　　　　　　　B. 幻灯片动画

C. 母版设置的企业标记　　　　　D. 幻灯片

69. 关于 PowerPoint 的自定义动画功能，以下说法错误的是_____。

A. 各种对象均可设置动画　　　　B. 动画设置后，先后顺序不可改变

C. 同时还可配置声音　　　　　　D. 可将对象设置成播放后隐藏

70. 在 PowerPoint 2010 中，把文本从一个地方复制到另一个地方的顺序是：1. 按"复制"按钮；2. 选定文本；3. 将光标置于目标位置；4. 按"粘贴"按钮_____。

A. 1234   B. 3214

C. 2134   D. 2314

二、填空题

1. 在 Word 2010 中，要在文档中选取间隔的多个文本对象，按下键_____。

2. Word 在表格计算时，对运算结果进行刷新，可使用_____功能键。

3. 在 Word 表格中若要计算某列的总计值，可以用到的统计函数为_____。

4. 讲义母版包含_____个占位符控制区。

5. 目录可以通过_____选项插入。

6. Word 2010 中的缩进包括_____、_____、_____。

7. 在 Word 2010 中，利用水平标尺可以设置段落的_____格式。

8. 在 Excel 2010 中，除了可以直接在单元格中输入函数外，还可以单击工具栏上的_____按钮来插入函数。

9. 在 Excel 2010 中，最多可以按多少个关键字排序_____。

10. 如果要打印行号和列标，应该通过"页面设置"对话框中的_____选项卡进行设置

11. 在 Excel 数据透视表的数据区域默认的字段汇总方式是_____。

12. 在 Excel 2003 中，在单元格中输入文字时，缺省的对齐方式是_____。

13. 在 Excel 中，若单元格 C1 中公式为=A1+B2，将其复制到 E5 单元格，则 E5 中的公式是_____。

14. 在 Excel 2010 中打开"单元格格式"的快捷键是_____。

15. "选择性粘贴"对话框有_____、_____、_____、_____。

16. 在 Excel 中，工作簿一般是由_____组成。

17. 在 Excel 中可以选择单元格和单元格区域，活动单元格的数目是_____。

18. 在 Excel 中表示两个不相邻的单元格地址之间的分隔符号是_____。

19. 新建演示文稿的快捷键是_____，保存演示文稿的快捷键是_____。

20. 在普通视图中，幻灯片会出现"单击此处添加标题"或"单击此处添加副标题"等提示文本框，这种文本框统称为_____。

21. 在 Excel 中准备在一个单元格内输入一个公式，应先键入_____先导符号。

22. 在 Excel 中假设在 A3 单元格存有一公式为 SUM(B\$2:C\$4)，将其复制到 B48 后，公式变为_____。

23. 在 Excel 中，如果要在同一行或同一列的连续单元格使用相同的计算公式，可以先在第一单元格中输入公式，然后用鼠标拖动_____来实现公式复制。

24. PowerPoint 2010 对象应用，包括文本、_____、插图、相册、媒体、逻辑节等的应用。

25. 在 PowerPoint 2010 中，母版视图分为_____、讲义母片和备注母版 3 类。

26. 在 PowerPoint 2010 中，要让不需要的幻灯片在放映时隐藏，可以通过"幻灯片放映"选项卡"设置"组的_____来设置。

27. 在 PowerPoint 2010 中，要将制作好的 PowerPoint 文档打包，应在_____选项卡中操作。

28. 在 PowerPoint 2010 中，默认的视图模式是_____。

29. 在 PowerPoint 2010 中，快速复制一张同样的幻灯片，快捷键是_____。

30. 在 PowerPoint 2010 中，从当前幻灯片开始放映的快捷键是_____。

三、参考答案

（一）选择题答案

1. A	2. C	3. B	4. D	5. C	6. C	7. D	8. D	9. D
10. B	11. D	12. C	13. A	14. C	15. D	16. B	17. D	18. C
19. D	20. C	21. B	22. B	23. B	24. B	25. A	26. B	27. B
28. C	29. B	30. B	31. C	32. B	33. B	34. A	35. A	36. C
37. C	38. C	39. B	40. B	41. B	42. B	43. B	44. A	45. A
46. B	47. C	48. D	49. C	50. D	51. C	52. B	53. B	54. B
55. A	56. A	57. D	58. D	59. D	60. C	61. C	62. A	63. B
64. C	65. A	66. D	67. A	68. B	69. B	70. C		

（二）填空题答案

1. Ctrl	2. F9
3. SUM	4. 6
5. 引用	6. 左缩进、右缩进、首行缩进
7. 缩进	8. fx
9. 64	10. 工作表
11. 求和	12. 左对齐
13. =C5+D6	14. Ctrl+Shift+F
15. 全部、数值、格式、批注	16. 工作表
17. 一个单元格	18. 逗号
19. Ctrl+N，Ctrl+S	20. 文本占位符
21. =	22. SUM(C$2:D$4）
23. 填充柄	24. 表格
25. 幻灯片母版	26. 隐藏幻灯片
27. 文件	28. 普通视图
29. Ctrl+D	30. Shift+F5

第4章
计算机网络习题

一、选择题

1. 双绞线由两条相互绝缘的导线绞合而成，下列关于双绞线的叙述，不正确的是_____。
   A. 它既可以传输模拟信号，也可以传输数字信号
   B. 安装方便，价格较低
   C. 不易受外部干扰，误码率较低
   D. 通常只用作建筑物内局域网的通信介质

2. 计算机网络建立的主要目的是实现计算机资源的共享。计算机资源主要指计算机_____。
   A. 软件与数据库 　　　　　　　B. 服务器、工作站与软件
   C. 硬件、软件与数据 　　　　　D. 通信子网与资源子网

3. Ipv4 地址由_____位二进制数值组成。
   A. 16 位 　　　　　　　　　　B. 8 位
   C. 32 位 　　　　　　　　　　D. 64 位

4. 在下列那个网络拓扑结构中，中心结点的故障可能造成全网瘫痪的是_____。
   A. 星型拓扑结构 　　　　　　　B. 环形拓扑结构
   C. 树型拓扑结构 　　　　　　　D. 网状拓扑结构

5. 在_____范围内的计算机网络可称之为局域网。
   A. 在一个楼宇 　　　　　　　　B. 在一个城市
   C. 在一个国家 　　　　　　　　D. 在全世界

6. 域名 http://www.sina.com.cn/由 4 个子域组成，其中_____表示主机名。
   A. www 　　　　　　　　　　　B. sina
   C. com 　　　　　　　　　　　D. cn

7. 传送速率单位 "bit/s" 代表_____。
   A. bytes per second 　　　　　　B. bits per second
   C. baud per second 　　　　　　D. billion per second

8. 为了使自己的文件让其他同学浏览，又不想让他们修改文件，一般可将包含该文件的文件夹共享属性的访问类型设置为_____。
   A. 隐藏 　　　　　　　　　　　B. 完全
   C. 只读 　　　　　　　　　　　D. 不共享

9. Internet Explorer(IE)浏览器的 "收藏夹" 的主要作用是收藏_____。

    A. 图片   B. 邮件
    C. 网址   D. 文档

10. 网址 "www.pku.edu.cn" 中的 "cn" 表示_____。
    A. 英国   B. 美国
    C. 日本   D. 中国

11. 在因特网上专门用于传输文件的协议是_____。
    A. FTP   B. HTTP
    C. NEWS   D. Word

12. "www.163.com" 是指_____。
    A. 域名   B. 程序语句
    C. 电子邮件地址   D. 超文本传输协议

13. 下列 4 项中主要用于在 Internet 上交流信息的是_____。
    A. DOS   B. Word
    C. Excel   D. E-mail

14. 地址 "ftp://213.0.0.121" 中的 "ftp" 是指_____。
    A. 协议   B. 网址
    C. 新闻组   D. 邮件信箱

15. 如果申请了一个免费电子信箱为 xm@sina.com，则该电子信箱的账号是_____。
    A. xm   B. @sina.com
    C. @sina   D. sina.com

16. 下面是某单位的主页的 Web 地址 URL，其中符合 URL 格式的是_____。
    A. Http//www.jnu.edu.cn   B. Http:www.jnu.edu.cn
    C. Http://www.jnu.edu.cn   D. Http:/www.jnu.edu.cn

17. 在地址栏中显示 http://www.sina.com.cn/，则所采用的协议是_____。
    A. HTTP   B. FTP
    C. WWW   D. 电子邮件

18. Internet 起源于_____。
    A. 美国   B. 英国
    C. 德国   D. 澳大利亚

19. 下列 IP 地址中书写正确的是_____。
    A. 168*192*0*1   B. 325.255.231.0
    C. 192.168.1   D. 255.255.255.0

20. 下列说法错误的_____。
    A. 电子邮件是 Internet 提供的一项最基本的服务。
    B. 电子邮件具有快速、高效、方便、价廉等特点。
    C. 通过电子邮件，可向世界上任何一个角落的网上用户发送信息。
    D. 可发送的多媒体只有文字和图像。

21. 网页文件实际上是一种_____。
    A. 声音文件   B. 图形文件
    C. 图像文件   D. 文本文件

22. 计算机网络的主要目标是_____。
    A. 分布处理　　　　　　　　　　　B. 将多台计算机连接起来
    C. 提高计算机可靠性　　　　　　　D. 共享软件、硬件和数据资源

23. 通常所说的 ADSL 是指_____。
    A. 上网方式　　　　　　　　　　　B. 计算机品牌
    C. 网络服务商　　　　　　　　　　D. 网页制作技术

24. 下列 4 项中表示电子邮件地址的是_____。
    A. ks@183.net　　　　　　　　　　B. 192.168.0.1
    C. www.gov.cn　　　　　　　　　　D. www.cctv.com

25. 浏览网页过程中，当鼠标移动到已设置了超链接的区域时，鼠标指针形状一般变为
_____。
    A. 小手形状　　　　　　　　　　　B. 双向箭头
    C. 禁止图案　　　　　　　　　　　D. 下拉箭头

26. 下列 4 项中表示域名的是_____。
    A. www.cctv.com　　　　　　　　　B. hk@zj.school.com
    C. zjwww@china.com　　　　　　　 D. 202.96.68.1234

27. 下列软件中可以查看 WWW 信息的是_____。
    A. 游戏软件　　　　　　　　　　　B. 财务软件
    C. 杀毒软件　　　　　　　　　　　D. 浏览器软件

28. 电子邮件地址 stu@zjschool.com 中的 zjschool.com 是代表_____。
    A. 用户名　　　　　　　　　　　　B. 学校名
    C. 学生姓名　　　　　　　　　　　D. 邮件服务器名称

29. 设置文件夹共享属性时，可以选择的 3 种访问类型为完全控制、更改和_____。
    A. 共享　　　　　　　　　　　　　B. 只读
    C. 不完全　　　　　　　　　　　　D. 不共享

30. 计算机网络最突出的特点是_____。
    A. 资源共享　　　　　　　　　　　B. 运算精度高
    C. 运算速度快　　　　　　　　　　D. 内存容量大

31. HTTP 是一种_____。
    A. 域名　　　　　　　　　　　　　B. 高级语言
    C. 服务器名称　　　　　　　　　　D. 超文本传输协议

32. 上因特网浏览信息时，常用的浏览器是_____。
    A. KV3000　　　　　　　　　　　　B. Word
    C. WPS　　　　　　　　　　　　　 D. Internet Explorer

33. 发送电子邮件时，如果接收方没有开机，那么邮件将_____。
    A. 丢失　　　　　　　　　　　　　B. 退回给发件人
    C. 开机时重新发送　　　　　　　　D. 保存在邮件服务器上

34. 如果允许其他用户通过"网上邻居"来读取某一共享文件夹中的信息，但不能对该文件
夹中的文件作任何修改，应将该文件夹的共享属性设置为_____。
    A. 隐藏　　　　　　　　　　　　　B. 完全

C．只读　　　　　　　　　　　　　　　　D．系统

35．下列属于计算机网络通信设备的是＿＿＿＿＿＿＿。

  A．显卡　　　　　　　　　　　　　　　B．网线

  C．音箱　　　　　　　　　　　　　　　D．声卡

36．个人计算机通过电话线拨号方式接入因特网时，应使用的设备是＿＿＿＿＿＿＿。

  A．交换机　　　　　　　　　　　　　　B．调制解调器

  C．电话机　　　　　　　　　　　　　　D．浏览器软件

37．用 IE 浏览器浏览网页，在地址栏中输入网址时，通常可以省略的是＿＿＿＿＿＿＿。

  A．http://　　　　　　　　　　　　　　B．ftp://

  C．mailto://　　　　　　　　　　　　　D．news://

38．网卡属于计算机的＿＿＿＿＿＿＿。

  A．显示设备　　　　　　　　　　　　　B．存储设备

  C．打印设备　　　　　　　　　　　　　D．网络设备

39．Internet 中 URL 的含义是＿＿＿＿＿＿＿。

  A．统一资源定位器　　　　　　　　　　B．Internet 协议

  C．简单邮件传输协议　　　　　　　　　D．传输控制协议

40．要能顺利发送和接收电子邮件，下列设备必需的是＿＿＿＿＿＿＿。

  A．打印机　　　　　　　　　　　　　　B．邮件服务器

  C．扫描仪　　　　　　　　　　　　　　D．Web 服务器

41．以下能将模拟信号与数字信号互相转换的设备是＿＿＿＿＿＿＿。

  A．硬盘　　　　　　　　　　　　　　　B．鼠标

  C．打印机　　　　　　　　　　　　　　D．调制解调器

42．关于 Internet，以下说法正确的是＿＿＿＿＿＿＿。

  A．Internet 属于美国　　　　　　　　　B．Internet 属于联合国

  C．Internet 属于国际红十字会　　　　　D．Internet 不属于某个国家或组织

43．要给某人发送一封 E-mail，必须知道其＿＿＿＿＿＿＿。

  A．姓名　　　　　　　　　　　　　　　B．邮政编码

  C．家庭地址　　　　　　　　　　　　　D．电子邮件地址

44．Internet 的中文规范译名为＿＿＿＿＿＿＿。

  A．因特网　　　　　　　　　　　　　　B．教科网

  C．局域网　　　　　　　　　　　　　　D．广域网

45．学校的校园网络属于＿＿＿＿＿＿＿。

  A．局域网　　　　　　　　　　　　　　B．广域网

  C．城域网　　　　　　　　　　　　　　D．电话网

46．连接到 Internet 的计算机中，必须安装的协议是＿＿＿＿＿＿＿。

  A．双边协议　　　　　　　　　　　　　B．TCP/IP 协议

  C．NetBEUI 协议　　　　　　　　　　　D．SPSS 协议

47．在属性面板上设置超链接时，超链接打开的位置在＿＿＿＿＿＿＿的下拉列表中选择。

  A．链接框　　　　　　　　　　　　　　B．目标框

  C．边框　　　　　　　　　　　　　　　C．替换框

48. 要在当前窗口打开链接，应在 Dreamweaver 中设置_____。
   A. 目标为-blank   B. 链接为 -top
   C. 目标 为-self   D. 链接为 -parent

49. 如果要使用 Dreamweaver 面板组，需要通过如下的_____菜单实现。
   A. 文件   B. 视图
   C. 插入   D. 窗口

50. 创建包含 3 个框架的网页时，将产生_____个文件。
   A.1   B.2
   C.3   D.4

二、填空题

1. 计算机网络的功能主要表现在数据通信、_____和_____ 3 个方面。
2. WWW 上的每一个网页（Home Page）都有一个独立的地址，这些地址称为_____。
3. 国际标准化组织 ISO 提出的"开放系统互连参考模型 OSI"有_____层。
4. 城域网简称为_____。
5. 用户的电子邮件地址由两部分构成，中间使用_____间隔。
6. 连入因特网的计算机必须遵循_____协议。
7. 计算机网络由_____子网和_____子网组成。
8. 按传输范围可将网络分为 3 类：_____、_____、_____。
9. 一般 HTML 文件的后缀名为_____或_____。
10. 利用 FTP 服务，可作为文件的_____、_____传送。
11. TCP/IP 协议有_____层、_____层、_____层、_____层组成。
12. 在 Dreamweaver 中，创建空链接使用的符号是_____。
13. 要使表格在浏览时不显示表格边框，应把表格的边框宽度设置为_____。
14. 创建外部链接时必须使用_____路径。
15. 开始使用 Dreamweaver 之前必须先定义一个站点，选择_____菜单下的_____命令可以打开定义新站点对话框。

三、参考答案

（一）选择题答案
1. C   2. C   3. C   4. A   5. A   6. A   7. B   8. C   9. C
10. D   11. A   12. A   13. D   14. A   15. A   16. C   17. A   18. A
19. D   20. D   21. D   22. D   23. A   24. A   25. A   26. A   27. D
28. D   29. B   30. A   31. D   32. D   33. D   34. C   35. B   36. B
37. A   38. D   39. A   40. B   41. D   42. D   43. D   44. A   45. A
46. B   47. D   48. C   49. D   50. D

（二）填空题答案
1. 资源共享 分布式处理   2. 统一资源定位器（URL）
3. 7   4. MAN
5. @   6. TCP/IP

7. 通信 资源

8. 局域网 城域网 广域网

9. htm html

10. 上传 下载

11. 网络接口层 网际层 传输层 应用层

12. #

13. 0

14. 绝对

15. 站点 新建站点

第 5 章
多媒体技术基础习题

一、选择题

1. 下面关于多媒体技术的描述中，正确的是_____。
   A. 多媒体技术只能处理声音和文字
   B. 多媒体技术不能处理动画
   C. 多媒体技术就是计算机综合处理声音、文本、图像等信息的技术
   D. 多媒体技术就是制作视频

2. 下列各组应用不属于多媒体技术应用的是_____。
   A. 计算机辅助教学   B. 电子邮件
   C. 远程医疗   D. 视频会议

3. 多媒体技术的产生与发展正是人类社会需求与科学技术发展相结合的结果，多媒体技术诞生于_____。
   A. 20 世纪 60 年代   B. 20 世纪 70 年代
   C. 20 世纪 80 年代   D. 20 世纪 90 年代

4. 下面硬件设备中哪些是多媒体硬件系统应包括的_____。
   ① 计算机最基本的硬件设备
   ② CD-ROM
   ③ 音频输入、输出和处理设备
   ④ 多媒体通信传输设备
   A. ①   B. ①②
   C. ①②③   D. 全部

5. 下列关于多媒体技术主要特征描述正确的是_____。
   ① 多媒体技术要求各种信息媒体必须要数字化
   ② 多媒体技术要求对文本、声音、图像、视频等媒体进行集成
   ③ 多媒体技术涉及到信息的多样化和信息载体的多样化
   ④ 交互性是多媒体技术的关键特征
   ⑤ 多媒体的信息结构形式是非线性的网状结构
   A. ①②③⑤   B. ①④⑤
   C. ①②③   D. ①②③④⑤

6. 多媒体技术能够综合处理下列哪些信息_____。
   ① 龙卷风.mp3   ② 荷塘月色.doc   ③ 旧照片   ④ Goldwave.exe   ⑤ 一卷胶卷

A. ①②④　　　　　　　　　　　B. ①②

C. ①②③　　　　　　　　　　　D. ①④

7. ＿＿＿＿＿＿＿＿＿是将声音变换为数字化信息，又将数字化信息变换为声音的设备。

A. 音箱　　　　　　　　　　　　B. 音响

C. 声卡　　　　　　　　　　　　D. PCI 卡

8. 把时间连续的模拟信号转换为在时间上离散，幅度上连续的模拟信号的过程称为＿＿＿＿＿＿＿＿＿。

A. 数字化　　　　　　　　　　　B. 信号采样

C. 量化　　　　　　　　　　　　D. 编码

9. 静态图像压缩标准是＿＿＿＿＿＿＿＿＿。

A. jpag　　　　　　　　　　　　B. jpbg

C. pdg　　　　　　　　　　　　D. jpeg

10. 以下列文件格式存储的图像，在图像缩放过程中不易失真的是＿＿＿＿＿＿＿＿＿。

A. bmp　　　　　　　　　　　　B. wmf

C. jpg　　　　　　　　　　　　D. gif

11. 下列哪个文件格式既可以存储静态图像，又可以存储动画＿＿＿＿＿＿＿＿＿。

A. bmp　　　　　　　　　　　　B. jpg

C. tif　　　　　　　　　　　　D. gif

12. MPEG2 压缩标准的文件格式是＿＿＿＿＿＿＿＿＿。

A. avi　　　　　　　　　　　　B. jpg

C. mpeg　　　　　　　　　　　D. dat

13. 当利用扫描仪输入图像数据时，扫描仪可以把所扫描的照片转化为＿＿＿＿＿＿＿＿＿。

A. 位图图像　　　　　　　　　　B. 矢量图

C. 矢量图形　　　　　　　　　　D. 三维图

14. 在进行素材采集的时候，要获得图形图像，下面哪种方法获得的不是位图图像＿＿＿＿＿＿＿＿＿。

A. 使用数码相机拍得的照片

B. 使用 PhotoShop 制作的图片

C. 使用扫描仪扫描杂志上的照片

D. 在 Office 中联机从网络中获得的剪贴画（wmf）文件

15. 从网上下载了若干幅照片，需要对其进行旋转、裁切、色彩调校、滤镜调整等加工，可选择的工具是＿＿＿＿＿＿＿＿＿。

A. Windows 自带的画图程序　　　B. Photoshop

C. Flash　　　　　　　　　　　D. CooL3D

16. 将一张很满意的个人数码相片处理成红底一寸的证件相，操作步骤正确的是＿＿＿＿＿＿＿＿＿。

① 用"油漆桶工具"将背景颜色填充为红色

② 利用"多边形套索工具"将头像从背景中勾出来

③ 单击"矩形选框工具"，将样式设为"固定大小"，并设置一寸相规格的宽度和高度

④ 单击"选择|反选"，将头像之外的背景选中，删除

⑤ 将相片裁剪为一寸相片，并排版打印

⑥ 利用 Photoshop 打开数码相片

⑦ 单击"图像|图像大小",调整图像大小略大于一寸相规格

A. ⑥①⑦②④③⑤　　　　　B. ⑥⑦②④③①⑤

C. ⑥②④①⑦③⑤　　　　　D. ⑥④②①③⑦⑤

17. 以下哪个软件不是常用的图形图像处理软件_____。

    A. Painter　　　　　　　　B. Freehand

    C. CorelDraw　　　　　　　D. FrontPage

18. 以下关于图形图像的说法哪个是正确的_____。

    A. 位图图像的分辨率是不固定的

    B. 矢量图形放大后不会产生失真

    C. 位图图象是以指令的形式来描述图像的

    D. 矢量图形中保存有每个像素的颜色值

19. 在 Photoshop 中,以下_____种工具不能帮助我们抽出图像(抠图)?

    A. 仿制图章　　　　　　　B. 磁性套索

    C. 魔棒工具　　　　　　　D. 抽出虑镜

20. Windows 所用的标准音频文件扩展名为_____。

    A. wav　　　　　　　　　　B. voc

    C. mid　　　　　　　　　　D. mod

21. 在音频数字化的过程中,对模拟语音信号处理的步骤依次为_____。

    A. 采样、量化、编码　　　　B. 量化、采样、编码

    C. 采样、编码、量化　　　　D. 编码、量化、采样

22. 下列不是声音处理软件的是_____。

    A. GlodWave　　　　　　　B. Sound Forge

    C. CoolEdit　　　　　　　D. RealOne

23. 将下载的歌曲,如 rm、mp3、wav 等格式,添加到一 MP3 设备中,在计算机里播放没问题,到 MP3 中却不能播放,你认为可能是什么原因?_____

    A. 传到 MP3 前必须对音频文件进行格式转换

    B. MP3 播放器不支持某些音频文件格式

    C. MP3 播放器不支持除 mp3 格式外的其他音频文件

    D. 以上都对

24. MPEG 是数字存储_____ 图像压缩编码和伴音编码标准。

    A. 静态　　　　　　　　　B. 动态

    C. 点阵　　　　　　　　　D. 矢量

25. 采用下面哪种标准采集的声音质量最好?_____

    A. 单声道、8 位量化、22.05kHz 采样频率

    B. 双声道、8 位量化、44.1kHz 采样频率

    C. 单声道、16 位量化、22.05kHz 采样频率

    D. 双声道、16 位量化、44.1kHz 采样频率

26. 一本彩色杂志有一个很可爱的小动物图片,现想用其来做多媒体素材,不想要任何的背景元素,操作步骤正确的是_____。

① 利用多边形套索工具把小动物从背景中勾出来,并通过 Ctrl + C 组合键复制到剪贴

板中

　　② 使用扫描仪将杂志上的小动物扫描到计算机中

　　③ 将新图像保存为 gif 格式文件

　　④ 新建一个透明背景的图像，并通过 Ctrl+V 粘贴过来

　　⑤ 启动 Photoshop，打开图片

　　A. ⑤②①④③　　　　　　　　　B. ②⑤①④③

　　C. ②⑤③①④　　　　　　　　　D. ⑤②③①④

27. 下列关于计算机录音的说法，正确的是_____。

　　A. 录音时采样频率越高，则录制的声音音量越大

　　B. 录音时采样频率越高，则录制的声音音质越好

　　C. Windows 自带的"录音机"工具可以进行任意长度时间的录音

　　D. 音乐 CD 中存储的音乐文件可以直接拷贝到计算机中使用

28. 如果录音笔录音的声音很小，把音量调高的操作步骤正确的是_____。

　　① 启动 GoldWave ，打开录音文件

　　② 把录音从录音笔导入到计算机中

　　③ 单击菜单"效果|音量|更改音量"

　　④ 在录音结束的地方单击鼠标右键，从弹出的下拉菜单中选择"设置结束标记"

　　⑤ 在录音开始的地方单击鼠标右键，从弹出的下拉菜单中选择"设置开始标记"

　　⑥ 试听，如果声音不够大，继续调整音量线大于 1.0，最后保存文件

　　⑦ 在音量控制面板中调整

　　A. ①②③⑤④⑦⑥　　　　　　　B. ②①⑤④③⑦⑥

　　C. ②①③⑦⑤④⑥　　　　　　　D. ①②③④⑤⑥⑦

29. 在 GoldWave 中，可以完成从 CD 上获取音频文件的功能，其生成文件的格式是

_____。

　　A. wav　　　　　　　　　　　　B. midi

　　C. mp4　　　　　　　　　　　　D. mp3

30. 用麦克风录制一段 wav 格式的音乐，由于文件容量太大，不方便携带。在正常播放音乐的前提下，要把文件容量变小，最好办法是_____。

　　A. 应用压缩软件，使音乐容量变小

　　B. 应用音频工具软件将文件转换成 mp3 格式

　　C. 应用音乐编辑软件剪掉其中的一部分

　　D. 应用音频编辑工具将音乐的音量变小

31. 应用多种方法获取声音文件，下面哪些方法是正确的_____。

　　① 从光盘上获取　　② 从网上下载　　③ 通过扫描仪扫描获取

　　④ 使用数码相机拍摄　　⑤ 用录音设备录制　　⑥ 用软件制作 MIDI 文件

　　A. ①②③④　　　　　　　　　　B. ①②⑤⑥

　　C. ③④⑤⑥　　　　　　　　　　D. ②③⑤⑥

32. 利用 Goldwave 制作一段配乐诗朗诵，首先打开音乐文件和朗诵诗歌的声音文件，选取诗歌声音文件后，需要在音乐文件的适当位置进行下面那个操作_____。

　　A. 粘贴　　　　　　　　　　　　B. 回声

C. 混音   D. 复制

33. 采用工具软件不同，计算机动画文件的存储格式也就不同。以下几种文件的格式那一种不是计算机动画格式_____。

    A. gif 格式   B. midi 格式

    C. swf 格式   D. mov 格式

34. 一个多图层的 Flash，第一层为背景，但是在播放的过程中，背景却只在第一帧出现一瞬间就没再出现了。请问可能在哪个环节出错了？_____

    A. 锁定了背景层

    B. 多个图层叠加，挡住了背景层

    C. 没有在背景层的最后一帧按 F5 键

    D. 在背景层的最后一帧按了 F7 键

35. 以下关于 Flash 遮罩动画的描述，哪项是正确的？_____

    A. 遮罩动画中，被遮住的物体在遮罩层上

    B. 遮罩动画中，遮罩层位于被遮罩层的下面

    C. 遮罩层中有图形的部分就是透明部分

    D. 遮罩层中空白的部分就是透明部分

36. 用 Flash 制作一个小球沿弧线运动动画，操作步骤正确的是_____。

    ① 创建一个"图形元件"，用椭圆工具在元件的第 1 帧处画一个小球

    ② 新建一个 Flash 文件

    ③ 从库中把"小球"拖到"图层 1"的第 1 帧，并与引导线的一端重合

    ④ 单击"添加运动引导层"按钮，在"图层 1"上新建一个引导层

    ⑤ 用铅笔工具在引导层上画一条平滑的曲线，延长到第 40 帧，并锁定

    ⑥ 测试并保存

    ⑦ 在第 40 帧处按 F6 插入关键帧，把小球拖到引导线的另一端，与其重合

    A. ②①⑤④⑦③⑥   B. ①②③⑦④⑤⑥

    C. ①②④③⑤⑦⑥   D. ②①④⑤③⑦⑥

37. 适合制作三维动画的工具软件是_____

    A. Authorware   B. Photoshop

    C. Auto CAD   D. 3D MAX

38. 计算机获取视频信息的方法有_____。

    ① 截取现有的视频文件

    ② 通过视频采集卡采集视频信息

    ③ 利用软件把静态图像文件序列组合成视频文件

    ④ 将计算机生成的计算机动画转换成视频文件

    A. ①②③④   B. ①②③

    C. ①③④   D. ②③④

39. 在网上浏览故宫博物馆，如同身临其境一般感知其内部的方位和物品，这是_____技术在多媒体技术中的应用。

    A. 视频压缩   B. 虚拟现实

    C. 智能化   D. 图像压缩

40. _____技术大大地促进了多媒体技术在网络上的应用，解决了传统多媒体手段由于数据传输量大而与现实网络传输环境发生的矛盾。

    A. 人工智能   B. 虚拟现实

    C. 流媒体   D. 计算机动画

41. mp3 代表的含义_____。

    A. 一种视频格式   B. 一种音频格式

    C. 一种网络协议   D. 软件的名称

42. 在计算机内，多媒体数据最终是以_____形式存在。

    A. 二进制代码   B. 特殊的压缩码

    C. 模拟数据   D. 图形图像、文字、声音

43. MIDI 音频文件是_____。

    A. 一种波形文件

    B. 一种采用 PCM 压缩的波形文件

    C. 是 MP3 的一种格式

    D. 是一种符号化的音频信号，记录的是一种指令序列。

44. Authorware 是一种_____。

    A. 多媒体演播软件   B. 多媒体素材编辑软件

    C. 多媒体制作工具   D. 不属于以上三种

45. JPEG 代表的含义_____。

    A. 一种视频格式   B. 一种图形格式

    C. 一种网络协议   D. 软件的名称

46. 视频加工可以完成以下制作_____。

    ① 将两个视频片断连在一起

    ② 为影片添加字幕

    ③ 为影片另配声音

    ④ 为场景中的人物重新设计动作

    A. ①②   B. ①③④

    C. ①②③   D. 全部

47. 一位同学运用 Photoshop 加工自己的照片，照片未能加工完毕，准备下次接着做，此时最好将照片保存成_____格式。

    A. bmp   B. swf

    C. psd   D. gif

48. 选购 CD-ROM 驱动器时应注意_____因素。

    ① 兼容性

    ② 速度

    ③ 接口类型

    ④ 驱动程序

    A. ①   B. ①②

    C. ①②③   D. 全部

49. 扫描仪可在下列_____应用中使用。

① 拍摄数字照片

② 图像输入

③ 光学字符识别

④ 图像处理

A. ①③   B. ②④

C. ①④   D. ②③

50. 位图与矢量图比较，可以看出_____。

A. 对于复杂图形，位图比矢量图画对象更快

B. 对于复杂图形，位图比矢量图画对象更慢

C. 位图与矢量图占用空间相同

D. 位图比矢量图占用空间更少

51. 多媒体技术中，图形格式一般为两类，即为_____。

A. 高分辨率与低分辨率   B. 位图和矢量图

C. 黑白和彩色   D. 链接和嵌入

52. 下列_____说法不正确。

A. 电子出版物存储容量大，一张光盘可以存储几百本长篇小说

B. 电子出版物媒体种类多，可以集成文本、图形、图像、动画、视频和音频等多媒体信息

C. 电子出版物不能长期保存

D. 电子出版物检索信息迅速

53. 衡量数据压缩技术性能好坏的重要指标是_____。

① 压缩比

② 压缩与解压缩速率

③ 恢复效果

④ 标准化

A. ①③   B. ①②③

C. ①③④   D. 全部

54. 以下属于多媒体技术应用的是_____。

① 远程教育

② 美容院在计算机上模拟美容后的效果

③ 计算机设计的建筑外观效果图

④ 房地产开发商制作的小区微缩景观模型

A. ①②   B. ①②③

C. ②③④   D. 全部

55. 要将模拟图像转换为数字图像，正确的做法是_____。

① 屏幕抓图

② 用 Photoshop 加工

③ 用数码相机拍摄

④ 用扫描仪扫描

A. ①②   B. ①②③

C. ③④　　　　　　　　　　　D. 全部

56. 在多媒体课件中，课件能够根据用户答题情况给予正确和错误的回复，突出显示了多媒体技术的_____。

    A. 多样性　　　　　　　　　　B. 非线性

    C. 集成性　　　　　　　　　　D. 交互性

57. FLASH 动画制作中，要将一只青蛙变成王子，需要采用的制作方法是_____。

    A. 设置运动动画　　　　　　　B. 设置变形动画

    C. 逐帧动画　　　　　　　　　D. 增加图层

58. 要从一部电影视频中剪取一段，可用的软件是_____。

    A. Goldwave　　　　　　　　　B. Real Player

    C. 超级解霸　　　　　　　　　D. Movie Maker

59. 以下可用于多媒体作品集成的软件是_____。

    A. Powerpoint　　　　　　　　B. Windows Media Player

    C. ACDSee　　　　　　　　　　D. Photoshop

60. 要把一台普通的计算机变成多媒体计算机要解决的关键技术是_____。

    A. 视频音频信号的获取

    B. 多媒体数据压缩编码和解码技术

    C. 视频音频数据的实时处理和特技

    D. 视频音频数据的输出技术

二、填空题

1. 文本、声音、_____、_____和动画等信息的载体中的两个或多个的组合构成了多媒体。

2. 多媒体计算机系统由_____和_____组成。

3. 在计算机中，西文采用_____表示。

4. 多媒体创作系统大致可分为素材库、编辑和_____3 个部分。

5. 为了保证数字化以后原来的声音不失真，要考虑两方面因素，即_____和_____。

6. 超媒体=_____+_____。

7. 一般的 CD-ROM 的存储容量为_____。

8. 声音按其振动频率的不同，分次声、可听声和超声，音频信号通常指的是可听声，可听声的频率范围为_____Hz。

9. 图像的颜色深度是指屏幕上的每一个像素的颜色信息用若干个二进制位来表示，颜色深度为 8 的图像能构成的颜色总数为_____。

10. 多媒体技术的关键特性包括信息媒体的_____、信息处理的_____、信息处理的_____、实时性和协同性。

11. 根据动画画面形成的规则和形式，动画可分为_____、_____和_____。

12. 光盘分为_____和_____、_____。

13. 影响数字声音波形质量的主要因素有 3 个，即：_____、_____和通道数。

14. 评价一种数据压缩技术的性能主要有 3 个关键的指标：_____、图像质量（音质）、_____。

15. 按照压缩过程中是否丢失一定的信息，数据压缩方法分为_____

和_____。

16. _____标准又称为静态图像压缩编码标准，_____标准又称为动态图像压缩编码标准。

17. 在多媒体技术中，存储声音的常用文件格式有_____文件、_____文件和_____文件。（答出常用的即可）

18. 在计算机颜色模型中，_____的含义是三基色原理（红、绿、蓝），_____的含义是色调、饱和度和亮度。

19. 图像文件的格式主要有_____格式、_____格式、_____格式等。（答出常用的即可）

20. 构成位图图像的最基本单位是_____。

21. 分辨率有_____和_____之分。

22. MPEG 标准包括_____、_____和_____3 大部分。

23. Flash 的帧有两种，分别是_____、_____。

24. Photoshop 保存的源文件的扩展名是_____，Flash 保存的源文件的扩展名是_____。

25. "元件"是 Flash 里基本的概念，是构成影片的基本组成部分，"元件"主要有 3 种类型：_____、_____、_____。

三、参考答案

（一）选择题答案

1. C　　2. B　　3. C　　4. C　　5. D　　6. B　　7. C　　8. B　　9. D

10. B　11. D　12. D　13. A　14. D　15. D　16. C　17. D　18. B

19. A　20. A　21. A　22. D　23. B　24. B　25. D　26. B　27. B

28. B　29. A　30. B　31. B　32. C　33. B　34. D　35. C　36. D

37. D　38. C　39. D　40. C　41. B　42. A　43. D　44. C　45. B

46. C　47. C　48. C　49. B　50. A　51. B　52. C　53. B　54. B

55. C　56. D　57. B　58. D　59. A　60. B

（二）填空题答案

1. 图形、图像
2. 多媒体硬件系统、多媒体软件系统
3. ASCII 码
4. 播放
5. 采样频率、量化精度
6. 多媒体、超链接
7. 650MB
8. 20~20000
9. 2^8（256）
10. 多样性、集成性、交互性
11. 逐帧动画、运动动画、变形动画
12. 只读光盘、一次写光盘、可重写光盘
13. 采样频率、采样精度
14. 压缩比、压缩和解压的速度
15. 无损压缩、有损压缩
16. JPEG、MPEG
17. wav、voc、midi
18. RGB、HSB
19. bmp、jpeg、gif
20. 像素
21. 显示器分辨率、图像分辨率
22. MPEG 视频、MPEG 音频、MPEG 系统
23. 普通帧、关键帧
24. psd、fla
25. 图形元件、图形元件、图形元件